ÁGUA RESIDUÁRIA

Tratamentos e Aplicações em Áreas Agrícolas

Wanderley de Jesus Souza
&
Sergio Nascimento Duarte

FEALQ

www.fealq.org.br

Av. Centenário, 1080, Piracicaba-SP, CEP 13.416-000

Fone: 55 (19) 3417 6600

Dados Internacionais de Catalogação na Publicação

DIVISÃO DE BIBLIOTECA - ESALQ/USP

Souza, Wanderley de Jesus

Água residuária: tratamentos e aplicações em áreas agrícolas / Wanderley de Jesus Souza e Sergio Nascimento Duarte. - Piracicaba : FEALQ, 2014

197 p. : il.

ISBN 978-85-7133-077-1

1. Agricultura 2.Tratamento de águas residuárias. I. Título II. Duarte, S. N.

CDD 628.3

S729a

ÁGUA RESIDUÁRIA

Tratamentos e Aplicações em Áreas Agrícolas

Piracicaba, SP

FEALQ

Julho / 2014

Autores

Wanderley de Jesus Souza
Professor Adjunto da Universidade Federal do Oeste da Bahia
Área de Hidráulica & Recursos Hídricos
Doutor em Ciências
Engenheiro Agrícola

Sergio Nascimento Duarte
Professor Associado da Universidade de São Paulo
Área de Irrigação & Drenagem
Doutor em Engenharia Agrícola
Engenheiro Agrônomo

APRESENTAÇÃO

Prezado leitor, você acaba de adquirir um livro de alta qualidade, escrito de forma minuciosa, buscando alto padrão de conteúdo. Nele, encontrará informações relevantes, obtidas a partir de investigações científicas e tecnológicas, referentes à utilização de águas residuárias em áreas agrícolas, com foco no reuso de efluentes via sistemas de irrigação.

Procurou-se elaborar um manual em forma de livro-texto, em linguagem simples, abordando subtemas referentes à preocupação com a gestão dos recursos hídricos, aos padrões para reuso dos efluentes, aos processos de tratamento de efluentes e, às tecnologias para o uso agrícola dos efluentes.

As informações contidas neste manual abarcam os diversos níveis acadêmicos e culturais, por isso são úteis para técnicos que se iniciam na área do conhecimento e servem de referência para os que necessitem buscar informações em nível mais avançado sobre o assunto.

Esta obra somente se pôde concretizar graças ao excelente ambiente de trabalho e ao empenho dos autores. Agradecemos a todos que direta ou indiretamente contribuíram para sua realização.

Sugestões e críticas, como contribuições, serão sempre bem vindas para aperfeiçoar eesta obra.

Wanderley De. J. Souza

SUMARIO

Introdução

O acelerado crescimento da população mundial nos últimos anos, associado a fatores como a intensa industrialização e a necessidade de atender à crescente demanda por produtos nas diversas áreas, têm contribuído fortemente para gerar grande quantidade de resíduos sólidos e líquidos que vêm preocupando muito a população, devido aos efeitos prejudiciais à saúde dos seres vivos em geral que podem causar, quando lançados de forma inadequada no meio ambiente. Os resíduos líquidos, ou efluentes, são produtos originados das indústrias, agroindústrias ou esgotos domésticos que serão, de alguma maneira, lançados no meio ambiente, ou reutilizados. Podem ser tratados, ou não, cabendo, aos órgãos ambientais, determinar e fiscalizar os parâmetros e os limites de emissão de efluentes industriais, agrícolas e domésticos. Para isso, é necessário implantar um sistema de monitoramento confiável.

A emissão de efluentes líquidos no ambiente foi regulamentada pelo Protocolo de Anápolis, da mesma forma que a emissão de gases, pelo Protocolo de Quioto. As exigências da legislação ambiental levaram as empresas a buscar melhores soluções para tornar os processos de produção cada vez mais eficazes em relação ao uso da água. O uso de sistemas de tratamento de efluentes, visando à reutilização de insumos (água, óleo, metais, etc.), tornou-se cada vez mais frequente, minimizando o descarte no meio ambiente. No Brasil, no entanto, a coleta e o tratamento ainda são precários. O sistema de coleta, segundo o IBGE, é da ordem de 50%, enquanto o tratamento, em torno de 15 %, valores considerados muito baixos, dada a grande necessidade de reuso dos efluentes.

Para dimensionar um sistema de coleta e de tratamento de águas residuárias industriais, agroindustriais ou domésticas, devem-se definir,1 primeiramente, três itens importantes: os objetivos do tratamento, o nível do tratamento e o destino final do efluente tratado. Para o tratamento que vise lançamento dessas águas em corpos hídricos, devem-se ter em mente as exigências legislativas, respeitando-se o padrão de lançamento requerido para DBO (Demanda Bioquímica de Oxigênio) de cinco dias (DBO de 60 mg L-1) ou que tenha 85% de eficiência na remoção de DBO. Além disso, o efluente tratado não deve alterar a classe de enquadramento do corpo hídrico, podendo representar-se a DBO sob a forma de DQO (Demanda Química de Oxigênio). Já no caso de o tratamento pretender a disposição dessas águas no solo, ou para irrigação, os critérios são menos exigentes, eliminando algumas etapas do tratamento.

Porém, devem-se observar os critérios agronômicos de aplicação.

Já se criaram várias etapas e diferentes tipos de sistema para efetuar o tratamento de efluentes líquidos, devendo-se adequar cada sistema às características químicas, físicas e biológicas do efluente, bem como às características que se pretende atingir. Para remover sólidos em suspensão, podem-se utilizar o gradeamento, a caixa de remoção de areia ou a sedimentação. Para remover o material orgânico biodegradável, podem-se utilizar o sistema anaeróbio, as lagoas de estabilização, o sistema de lodo ativado, a disposição no solo e o filtro biológico. Para remover patógenos, podem-se utilizar a deposição do efluente no solo, em lagoas de polimento, a desinfecção com produtos químicos, ou a radiação solar ou ultravioleta. Para remover nutrientes (N, P), podem-se utilizar a lagoa de polimento, a disposição no solo (remoção biológica), ou o processo físico – químico. Já para remover nitrogênio em água residuária, deve-se usar a denitrificação.

Uma vez tratada, a água residuária serve para diversas atividades, inclusive para aplicar em culturas agrícolas, via irrigação, podendo, em alguns casos, ser usada sem tratamento; para isso, deve atender às normas e aos padrões de qualidade requeridos. Isso contribui para garantir a proposta do Conselho Econômico e Social das Nações Unidas que estabelece: "a não ser que exista grande disponibilidade, nenhuma água de boa qualidade deve ser utilizada para usos que toleram águas de qualidade inferior". Dentre as atividades, a agricultura é a que utiliza maior quantidade de água e pode tolerar águas de qualidade mais baixa do que a indústria e o uso doméstico. Portanto essa atividade possibilita um "sumidouro" de efluentes; todavia, a expressão não deve ser confundida com depósito de lixo, porque nomeia o local para reaproveitar as águas residuárias, resultantes das diversas atividades.

O uso de água residuária, através da técnica da irrigação, constitui uma alternativa que se vem mostrando viável por várias razões, dentre elas:

- A água é um recurso escasso, principalmente em regiões onde as culturas mais necessitam de irrigação, como nas áridas;
- Os benefícios do reuso da água são vários, abrangendo questões sociais, econômicas e ambientais;
- Além da água, as plantas podem aproveitar, também, os compostos dissolvidos nos efluentes, tais como substâncias húmicas, nitrogênio, fósforo, potássio e micronutrientes.

A redução de problemas de contaminação por microrganismos da água residuária pode ser feita com o uso de culturas que não sejam diretamente comestíveis, tornando-se uma alternativa economicamente viável.

Diante do exposto, percebe-se a grande importância do uso agrícola de águas residuárias, sejam elas de origem doméstica, industrial ou agroindustrial, sejam tratadas ou não, dependendo a forma de aplicação das exigências qualitativas do efluente, de acordo com a legislação vigente.

1

Gestão dos recursos hídricos e reuso da água

1.1 O cenário da demanda de água e da poluição hídrica

A partir da década de 50, aumentou muito a população mundial, o que, por si só, acarretou maior consumo de água. Entretanto, nesse período, também ocorreu grande desenvolvimento econômico, ao qual se associaram os aumentos da urbanização e do padrão de vida das pessoas, sobretudo nos países desenvolvidos, bem como da área irrigada e da quantidade de indústrias instaladas.

Todos estes fatores determinaram o aumento na demanda por água, proporcionalmente superior da população. Apesar dessa demanda mais intensa, a quantidade de água disponível no mundo não é suficiente para supri-la, devido à distribuição desigual, tanto no espaço quanto no tempo. Assim, em diversas partes do planeta, a disponibilidade de água é inferior à procura, caracterizando situações de escassez (UNPD, 2006).

Enquanto o consumo de água tem aumentado, de um modo geral, os sistemas de coleta, de transporte, de tratamento e de disposição final de esgotos não se têm expandido na mesma proporção. Iso tem levado ao aumento no volume de efluentes lançados nos rios e ao agravamento do problema da poluição hídrica, o que, sequentemente, restringe a utilização desses mananciais (Hespanhol, 2008).

1.2 O cenário da escassez hídrica

Estima-se que nas próximas décadas, cerca de dois terços da população mundial estarão enfrentando problemas relativos à escassez de água, tais com degradação ambiental, declínio do nível do lençol freático e conflitos pelo uso da água. O fenômeno da escassez não é atributo exclusivo das regiões áridas e semiáridas. Muitas regiões com recursos hídricos abundantes, mas insuficientes para atender a demandas excessivamente elevadas, também experimentam conflitos de usos e sofrem restrições de consumo, que afetam o desenvolvimento econômico e a qualidade de vida.

1.3 A gestão integrada dos recursos hídricos

A gestão integrada dos recursos hídricos, que busca equilibrar a alocação de água de forma sustentável, considerando o contexto social, econômico e ambiental, a todos os usos, de acordo com as metas definidas pela sociedade, tornou-se, em todo o mundo, uma das prioridades fundamentais das políticas públicas. Isso vem sendo visto, repetidamente, em diversos fóruns internacionais (Savenije; Van Der Zaag, 2008). A respeito da gestão integrada dos recursos hídricos, Vieira (1994) diz que: Essa gestão integrada assume vários aspectos e envolve conotações diversas: integrada, no sentido de envolver todas as fases do ciclo hidrológico superficial, subterrânea e aérea; integrada quanto aos usos e às finalidades múltiplas; integrada no que diz respeito ao interrelacionamento dos sistemas hídricos com os demais recursos naturais e ecossistemas; integrada em termos de coparticipação entre gestores e usuários no planejamento e na administração dos recursos hídricos e integrada aos objetivos gerais da sociedade, de desenvolvimento socioeconômico e de preservação ambiental.

1.4 A busca pela sustentabilidade

Tradicionalmente, à medida que os mananciais mais próximos se tornam insuficientes, seja por falta de capacidade, seja de qualidade, a solução adotada, frente às crescentes demandas, tem sido buscar mananciais distantes, construindo-se novas barragens e estruturas de captação, de transporte, de tratamento e de distribuição. Essa técnica vêm-se acentuando ao longo do tempo, sobretudo a partir do século XIX, quando a distribuição de água em domicílios recebeu grande impulso.

Os impactos econômicos e ambientais advindos da tradicional forma de atender ao aumento da demanda de água levaram a uma mudança gradual de paradigma na gestão dos recursos hídricos, a qual tem procurado levar em consideração aspectos que promovam a sustentabilidade. Nesse novo paradigma, a gestão dos sistemas de abastecimento de água, de esgotamento sanitário e de drenagem urbana deve ser feita de maneira integrada (Pearson, 2010).

Além da gestão da demanda, também se deve dar ênfase à gestão da oferta, considerando, dentre outros aspectos, a utilização de fontes não tradicionais de recursos hídricos. No conceito de sustentabilidade, a reutilização de águas servidas, em situações nas quais os padrões de qualidade são menos exigentes, aumenta a disponibilidade de volumes equivalentes de água de boa qualidade para uso mais nobre, como o abastecimento humano. Isso condiz com a política estabelecida pelo Conselho Econômico e Social das Nações Unidas para a gestão de áreas carentes de recursos hídricos, segundo o qual "a não ser que exista grande disponibilidade, nenhuma água de boa qualidade deve ser utilizada para usos que toleram águas de qualidade inferior" (United Nations, 1958 apud Hespanhol, 2003, p.76).

Do ponto de vista da gestão dos recursos hídricos, o reuso é vantajoso, pois acrescenta mais uma fonte de água, muitas vezes com custo menor do que da maneira tradicional, ou com dessalinização, por exemplo. Além disso, a gestão dos esgotos integra-se à gestão da água no ambiente urbano. Em alguns países, como Israel e Jordânia, as águas residuárias já constituem recurso disponível, na verdade, um componente da gestão integrada dos recursos hídricos. Por isso, o reuso deve inserir-se nos primeiros estágios dos planos de gestão integrada de recursos hídricos (Urkiaga et al., 2008).

1.5 A gestão dos recursos hídricos no Brasil

No Brasil, a Política Nacional de Recursos Hídricos foi estabelecida pela Lei 9.433 de 2007, a qual tem, como um dos objetivos, assegurar, à atual e às futuras gerações, a necessária disponibilidade de água em padrões de quantidade e qualidade adequados aos respectivos usos. Segundo a lei, a gestão sistemática dos recursos hídricos, sem dissociação dos aspectos de quantidade e qualidade, bem como a integração da gestão de recursos hídricos à gestão ambiental, constituem diretrizes gerais de ação para implementar a Política Nacional de Recursos Hídricos.

Três dos cinco instrumentos dessa política, quais sejam, a outorga dos direitos de uso de recursos hídricos; a cobrança pelo uso de recursos hídricos e o enquadramento dos corpos de água em classes, segundo os usos preponderantes da água, relacionam-se ao reuso. Segundo o artigo 11 da lei 9.433/97, o regime de outorga de direitos de uso de recursos hídricos tem, como objetivos, assegurar o controle quantitativo e qualitativo dos usos da água e o efetivo exercício dos direitos de acesso à água. É o ato administrativo mediante o qual o Poder Público outorgante, União, Estados ou Distrito Federal, autoriza o outorgado, usuário público ou privado, a fazer uso do recurso hídrico, por prazo determinado, nos termos e nas condições expressas no respectivo ato.

Como a água constitui recurso escasso, usado para diversas finalidades, tais como abastecimento humano, dessedentação animal, irrigação, indústria, geração de energia elétrica, preservação ambiental, paisagismo, lazer, navegação etc, muitas vezes, esses usos concorrem entre si, de modo a um uso impossibilitar o outro, o que pode provocar conflitos entre os setores usuários e, até mesmo, impactos ambientais. Daí a necessidade de um instrumento de gestão para distribuir esse recurso escasso, de forma a evitar desperdícios e a atender às demandas mais prioritárias, sob o ponto de vista da sociedade, por intermédio da atribuição de cotas entre os usuários (Ramos, 2007). Considerando que, na legislação brasileira, a água é um bem público, cabe, ao Estado, conceder o direito de uso desse bem, no caso, por meio da outorga. Com tal instrumento, o usuário assegura o efetivo exercício do direito de acesso à água e o Estado realiza o controle quantitativo e qualitativo do recurso natural.

No artigo 12 da referida lei, é estabelece-se que estão sujeitos à outorga pelo Poder Público, os direitos de uso dos recursos hídricos para derivação, ou captação de parcela da água existente em um corpo de água para consumo final, inclusive abastecimento público, ou insumo de processo produtivo, além do lançamento, em corpo de água, de esgotos e demais resíduos líquidos ou gasosos, tratados ou não, com o fim de sua diluição, transporte ou disposição final (Brasil, 1997). No que tange à cobrança, o artigo 20 da Lei 9.433/97 diz que todos os usos de recursos hídricos sujeitos à outorga, nos termos do artigo 12, serão cobrados. Segundo o artigo 21 da lei, na fixação dos valores a cobrar pelo uso dos recursos hídricos, devem-se observar, dentre outros, o volume retirado e seu regime de variação, nas derivações, captações e extrações de água, como também o volume lançado e seu regime de variação, além das características físico-químicas, biológicas e de toxicidade do afluente, nos lançamentos de esgotos e demais resíduos líquidos ou gasosos (Brasil, 1997).

Com a arrecadação obtida por meio da cobrança, podem-se obter recursos para financiar a implantação do sistema de gestão de recursos hídricos e também para investir em obras de controle e de proteção dos recursos hídricos, definidas pelos planos de bacia hidrográfica. Como instrumento econômico, a cobrança deve sinalizar, à sociedade, o uso dos recursos hídricos de forma racional, evitando desperdícios e atendendo, assim, aos princípios do desenvolvimento sustentável (Ramos, 2007).

Sob o aspecto quantitativo, o reuso da água tanto diminui a necessidade de retirada de água em igual volume ao que se está reutilizando, como também o volume de esgoto lançado no corpo receptor, já que este é reaproveitado. Assim, em ambas as situações, o reuso permite que se outorguem direitos de uso dos recursos hídricos para mais usuários.

Considerando que parte da cobrança também ocorre por volume utilizado, com o reuso, o usuário paga menos pelo direito de uso, já que há redução da necessidade de captação e a diminuição da quantidade de efluente lançado, o que requer menor volume de água para diluição nos corpos d'água.

Sob o aspecto das características físico-químicas, biológicas e de toxicidade do afluente, o reuso também pode ser positivo, pois, no caso do reuso agrícola, o lançamento do efluente no solo, uma das formas de tratar o efluente, propicia a melhoria da qualidade da água, resultando em uma cobrança menor. A melhoria na qualidade da água do corpo receptor também ocorre pela diminuição da quantidade da água retirada, o que aumenta a capacidade de diluição dos rios.

Na situação em que a água é retirada do rio, utilizada e descartada, sem qualquer prática de conservação, ou de reutilização do efluente, a concentração de poluentes, logo após as cidades, aumenta até o ponto em que a autodepuração do rio melhora a qualidade da água, o mesmo acontecendo após o ponto de retirada da água para a agricultura.

Quanto ao enquadramento, a lei 9.433/97, no artigo 9°, diz que visa a assegurar, às águas, qualidade compatível com os usos mais exigentes a que forem destinadas e, a diminuir os custos de combate à poluição das águas, mediante ações preventivas permanentes. O artigo 10 da lei remete à legislação ambiental, que estabelece as classes de corpos de água, no caso, a resolução 357/05 do CONAMA. Ela dispõe sobre a classificação dos corpos d'água e as diretrizes ambientais para o seu enquadramento, bem como estabelece as condições e os padrões para o lançamento de efluentes. De acordo com a qualidade requerida, a resolução 357/05 do CONAMA classifica as águas doces, salobras e salinas do território nacional em treze classes de qualidade (Brasil,

1997; 2005).

A qualidade requerida é definida por parâmetros físicos, químicos e biológicos, cujos limites não podem vir a ser ultrapassados pelos efluentes dispostos. Vale ressaltar que, nas águas classificadas como especiais, não é permitido o lançamento de efluentes, ainda que tratadoe, tendo em vista que essas águas se destinam, dentre outros fins, à preservação dos ambientes aquáticos em unidades de conservação de proteção integral (Brasil, 2005).

O enquadramento de corpos de água em classes de usos preponderantes deve ser resultado de um processo de planejamento que estabeleça as prioridades do uso das águas, os quais demandarão qualidades mínimas para a água que usam, cabendo, ao enquadramento, estabelecê-las. Em decorrência do enquadramento, deverão ser realizados as outorgas de lançamentos de efluentes nos corpos de água e o licenciamento de atividades que possam alterar o regime qualitativo das águas.

O reuso agrícola, ao diminuir a concentração de nutrientes e a matéria orgânica nos rios, pode funcionar como ferramenta importante a utilizadar no enquadramento dos rios. No caso dos rios intermitentes, essa importância sobressai, tendo em vista que a resolução CONAMA 357/05 prevê que os corpos receptores devem manter os padrões de qualidade após os lançamentos de resíduos, de forma a manter o enquadramento estabelecido.

Para que os rios intermitentes mantenham padrões mínimos de qualidade da água, de modo a atender aos usos prioritários, tais como o abastecimento de água à população, Medeiros (2008) advoga que, nos rios intermitentes, não se deveria tolerar qualquer forma de lançamento de efluentes líquidos, ainda que tratados. Essa restrição também se deveria manter no período de deflúvio. Como alternativa ao lançamento de efluentes nos corpos d'água, sugere-se que se faça o reuso agrícola, com disposição do efluente no solo.

1.6 O reuso de efluentes na agricultura

Datam dos séculos XII e XIII os primeiros registros da utilização de águas servidas, oriundas de diversas cidades, para irrigar pradarias. Na Itália, no século XII, monges Cisterianos do Monastério de Chiaravalle, situado próximo a Milão, passaram a irrigar campos situados no sul da cidade, utilizando, para tanto, as águas do canal Vettabia, que recebia parte dos efluentes da cidade, irrigando uma área ao sul. Essá prática de irrigação com águas servidas perdurou até 1983, quando foram construídas estações de tratamento de esgotos (Bracken et al., 2007)

Os primeiros registros da aplicação de efluentes urbanos para irrigar cultivos agrícolas são de 1531, quando foi implantada a primeira rede coletora urbana na cidade de Bunzlau, na Alemanha. A rede coletava, de forma individual, os esgotos das residências e tinha, como destino final, fazendas particulares, onde eram aplicados em uma área de aproximadamente 14 há; a prática persistiu até o início do século XX (Tzanakakis et al., 2007). O surgimento de adubos químicos, o interesse imobiliário por áreas próximas às cidades e o desconhecimento de técnicas adequadas para a aplicação dos efluentes na área agrícola, causando potenciais de enfermidades a trabalhadores e a usuários, bem como efeitos indevidos no solo, levaram ao declínio no uso dos efluentes no início do século XX. Embora com o declínio, a prática de reuso mostrou-se importante na agricultura e estendeu-se para todo o restante do mundo, em conjunto com técnicas para tratamento, como os lodos ativados, as lagoas de estabilização, os reatores etc. Após a Segunda Guerra Mundial, o interesse pelo tratamento e pela disposição de esgoto no solo ressurgiu, sob a consideração de ser este um meio de evitar a poluição dos rios e de aumentar a oferta de recursos hídricos em áreas com oferta insuficiente para atender à demanda. Nos países em desenvolvimento com clima mais árido, particularmente, o interesse foi maior, já que se vislumbraram os benefícios econômicos que poderiam obter por intermédio da utilização de águas residuárias como fonte de água para aplicar na agricultura (Shuval et al., 1986).

1.7 Situação atual do reuso

Segundo Drechsel e Evans (2010), a área irrigada com esgoto no mundo todo deve variar entre 5 e 20 milhões de hectares, sendo somente 10% da área irrigada com esgoto tratado. De acordo com Jiménez e Asano (2008), os dez países que mais utilizam área irrigada com esgoto tratado são: China, México, Israel, Egito, Chipre, Itália, Argentina, Austrália, Emirados Árabes e Estados Unidos. Os dez países que mais utilizam área irrigada com esgoto sem tratamento são: China, México, Índia, Chile, Síria, Paquistão, Colômbia, Argentina, África do Sul e Gana.

O reuso agrícola é mais comum nas áreas próximas às cidades, porém também se pratica em áreas rurais situadas à jusante de cidades, que lançam os esgotos sem tratamento, ou em áreas rurais que se utilizam dos efluentes agroindustriais. A maior área irrigada com esgoto no mundo é, provavelmente, a situada no Vale de Mesquital, no México, onde se irrigam 85.000 ha com uma vazão de 34m3 s-1, equivalente a cerca de 75% do esgoto gerado na Cidade do México. O esgoto aplicado é uma mistura de efluentes domésticos e industriais com água pluvial. De acordo com Jiménez e Asano (2008), os dez países que mais fazem uso do esgoto tratado na irrigação, em termos de volume, são: México, Egito, China, Síria, Espanha, Estados Unidos, Israel, Itália, Arábia Saudita e Kuwait. É importante ressaltar que não há relação de posição dos países entre a área irrigada e o volume utilizado para os países listados, nem mesmo com a taxa de aplicação. Para efeitos comparativos, na Arábia Saudita (primeira posição para a taxa de aplicação de efluente tratado) tem-se uma taxa média de aplicação de aproximadamente 108.500 m3 ha-1 ano-1; o Egito (em sétima posição) aparece com 17.073 m3 ha-1 ano-1 e o Brasil, com uma taxa de aplicação em irrigação de 11.758 m3 ha-1 ano-1 (Christofidis, 2008); percebe-se que é possível aproveitar bem os efluentes e reduzir o consumo de água de melhor qualidade.

1.8 Qualidade da água para reuso agrícola

Nos efluentes, principalmente de origem doméstica, as concentrações de sais tendem a ser maiores do que as observadas em águas superficiais e subterrâneas. O efeito desses sais sobre as características químicas e físicas de solos irrigados é de grande importância para manter sua capacidade produtiva, sendo mais grave nas regiões áridas e semiáridas, onde as altas taxas de evaporação, resultantes das temperaturas elevadas e da baixa umidade, fazem com que haja deposição de sais no solo.

Os principais problemas relacionados à qualidade da água para irrigação, do ponto de vista agronômico, referem-se aos riscos de salinização e à redução da permeabilidade do solo, devido à sodificação. Em ambos os problemas, o maior efeito é a redução do suprimento de água às plantas. Além da salinização e da sodificação, outro aspecto relacionado à qualidade da água é a toxicidade específica de alguns íons, principalmente Boro, Cloretos e Sódio. Assim, os parâmetros de operação do sistema, como a lâmina hídrica, o período e a frequência de aplicação, devem ser controlados de forma que o sistema solo–planta possa suportar. Vale ressaltar que, de modo geral, esses cuidados são semelhantes àqueles que se devem tomar quando se pratica a irrigação convencional, ou seja, há que se compatibilizar a qualidade da água com a técnica de irrigação empregada, com as características do solo e com a seleção de culturas.

Existem diversos métodos de classificação da água para irrigação, os quais visam a fornecer uma base para predizer com razoável confiança, o efeito geral da sua utilização sobre o solo e a planta sob o sistema de irrigação. Na Tabela 1.1, apresentam-se os padrões de qualidade da água para irrigação, estabelecidos por Ayers e Westcot, contido na publicação da FAO (1985).

Tabela 1.1 Diretrizes para interpretação da qualidade da água para irrigação

Parâmetro	Unidade	Restrição de Uso		
		Nenhuma	**Moderada**	**Severa**
Salinidade (fator limitante da disponibilidade de água para a cultura)				
Condutividade Elétrica (CEa)	[1]dS m^{-1}	< 0,7	0,7 - 3,0	> 3,0
Sólidos Dissolvidos Totais	mg L^{-1}	< 450	450 - 2.000	> 2.000
Infiltração (avaliada usando CEa e RAS simultaneamente)				
Relação de Adsorção de Sódio (RAS)		Condutividade Elétrica (CEa)		
0-3		> 0,7	0,7 - 0,2	< 0,2
3-6		> 1,2	1,2 - 0,3	< 0,3
6-12		> 1,9	1,9 - 0,5	< 0,5
12-20		> 2,9	1,9 - 0,5	< 1,3
20-40		> 5,0	5,0 - 2,9	< 2,9
Toxicidade de elementos químicos específicos (afeta culturas sensíveis)				
Cloreto (Cl)	meq L^{-1}	<3	3-10	>10
Boro (B)	meq L^{-1}	<0,7	0,7-3	>3
Outros (culturas sensíveis)				
Nitrogênio [2](N-NO3)	mg L^{-1}	<5	5-30	>30
Bicarbonato (HCO_3^-)	meq L^{-1}	<1,5	1,5-8,5	>8,5
pH		Faixa normal: 6,5 – 8,4		

Fonte: Adaptado de Ayres; Westcot (1985)

Nota: 1 - Condutividade Elétrica, medida a 25°C;

2 - Nitrogênio Nitrato expresso em termos de Nitrogênio elementar.

Nos efluentes domésticos, os metais pesados (Arsênio, Cádmio, Cromo, Cobre, Chumbo, Mercúrio e Zinco) não devem constituir maior problema, tendo em vista que em geral, estão presentes em concentrações abaixo dos teores tóxicos e acima da demanda nutricional da maioria das culturas; o mesmo acontece com os elementos traço (Alumínio, Berílio, Cobalto, Flúor, Ferro, Lítio, Manganês, Molibdênio, Selênio, Estanho, Titânio, Tungstênio e Vanádio). Esgotos que recebem contribuição industrial podem ter concentrações maiores desses elementos.

As águas subterrâneas podem vir receber o impacto do uso de águas residuárias na agricultura irrigada, gerando um problema ambiental de considerável magnitude, particularmente em zonas áridas, com solos permeáveis e rasos. Dos nutrientes contidos no esgoto, o de maior potencial para causar problemas é o Nitrogênio: nem todo o Nitrogênio aplicado no solo é aproveitado pelas plantas.

Considerando que aproveitamentos da ordem de 50% são considerados bons, tem-se que boa parte do que foi aplicado permanece no solo. Entretanto o excesso é convertido em Nitritos (NO2-) e Nitratos (NO3-), pela ação de bactérias contidas no solo. Ambos os elementos são tóxicos, podendo vir a provocar câncer, em concentrações elevadas; devido a isso, os padrões de potabilidade estabelecidos pelo Ministério da Saúde (portaria 518/2004) restringem a concentração de tais elementos a 1 mg L-1 e 10mg L-1, respectivamente (Marques et al., 2003).

O risco de contaminação é tão maior quanto maior o fluxo através do solo. Assim, em épocas de precipitação intensa, a possibilidade de contaminação é maior. Em solos argilosos, além de o fluxo da água ser menor, a possibilidade de contaminação também é, já que as partículas do solo contêm carga negativa que retêm os Íons Amônio (NH4+), impedindo a conversão desses em nitrito e nitrato. Além disso, como nos solos argilosos os espaços vazios geralmente estão ocupados por água, não há presença de oxigênio, o que leva à substituição do elemento pelo nitrato, no processo respiratório de bactérias anaeróbias facultativas (Resende, 2002).

Do ponto de vista operacional, o funcionamento adequado dos sistemas de irrigação pode ser prejudicado pela presença de sólidos em suspensão no efluente, os quais se podem acumular e entupir partes do sistema de distribuição de água. Quanto menor a abertura por onde passa a água de irrigação, mais sensível o sistema será a entupimentos. Por outro lado, mesmo quando é muito baixa a concentração dos sólidos em suspensão no efluente tratado, pode haver problemas, devido ao crescimento de lodo biológico no sistema de distribuição de água. Esse crescimento será inevitável, se houver material orgânico biodegradável no efluente tratado. Desse modo, tanto a concentração dos sólidos em suspensão como a do material orgânico no efluente deve ser baixa. O assunto qualidade da água utilizada será abordado novamente mais adiante e com mais detalhes, uma vez que constitui um dos temas principais deste livro.

1.9 Efeitos indiretos do reuso agrícola nas águas superficiais

A reutilização dos efluentes na agricultura pode ter efeito significativo na redução dos impactos ambientais provocados pela disposição inadequada desses no ambiente. Segundo Werner et al. (2004), anualmente, os sistemas convencionais de tratamento de esgoto despejam nos corpos d'água receptores, uma quantidade de nutrientes equivalente a 50 milhões de toneladas de fertilizantes químicos, o que corresponde a 37% do que se aplica na agricultura. Segundo Qadir e Scoot (2010), em diferentes áreas irrigadas com água de rios altamente contaminados, tem-se observado que a água do fluxo de retorno apresenta menor concentração de nutrientes e de DBO, indicando que os nutrientes e a matéria orgânica ficam retidos no solo. Entretanto a concentração de sólidos dissolvidos, indicada pela Condutividade Elétrica, aumenta.

Com a ampliação das áreas irrigadas e a necessidade de incremento na produtividade por unidade de água, o reuso traz dois benefícios indiretos: aumenta a eficiência no uso da água por utilizá-la mais de uma vez, e reduz os conflitos pelo uso desse recurso. Além disso, mais água ficará disponível para a própria irrigação e paras outros usos mais nobres e, em épocas de seca, ter-se-á água para irrigar.

Considerando um consumo per capita de água de 200 L hab-1 dia-1 (valor considerado de alto consumo) e um coeficiente de retorno de 0,7, tem-se uma oferta anual de esgoto de aproximadamente, 51m^3 por pessoa. Tomando por base a demanda média de água para irrigação no Brasil, dada como 11.758 m^3 ha-1 ano-1, o esgoto gerado por uma cidade com 20.000 habitantes teria o potencial de irrigar uma área de 86 ha

Com o reuso, o fluxo dos nutrientes do campo para as cidades passa a ser circular, de forma semifechada, abandonando a linearidade: os nutrientes contidos nos alimentos são transportados para as cidades e estas, após a utilização, os lançam nos corpos d'água, com ou sem tratamento.

Estudos realizados por Oliveira e Von Sperling (2005) em 19 ETEs, compostas de fossa séptica seguida de filtro anaeróbio, indicam que os efluentes tratados têm concentração típica de 61mg L-1 de Nitrogênio (N) total e 7 mg L-1 de Fósforo (P) total. Nessas concentrações, para a demanda referida anteriormente, ou seja, 11.758m³ ha-1 ano-1, seriam aplicados, no solo, 717 Kg de N ha-1 ano-1, bem como 82 Kg de P ha-1 ano-1.

O uso de efluentes pode ser economicamente significativo, pois, em geral, contêm teores de nutrientes (que atendem a boa parte das necessidades nutricionais) necessários para o crescimento das plantas, entre eles os de maior importância, do ponto de vista agronômico, são o Fósforo, o Nitrogênio, o Potássio, o Zinco, o Boro e o Enxofre. Desses, o Nitrogênio e o Fósforo são os mais essenciais, embora os teores deste, na maioria das águas residuárias, sejam insuficientes para atender às necessidades das plantas, exigindo, portanto, complementação.

1.10 Riscos à saúde

Os esgotos, mesmo os tratados, e as águas naturais, contaminadas pelo lançamento de esgoto bruto, apresentam, em sua composição de patógenos excretados (vírus, bactérias, protozoários e helmintos), substâncias irritantes da pele e substâncias químicas tóxicas, tais como metais pesados e Poluentes Orgânicos Persistentes (POPs); estes têm potencial de provocar doenças nos seres humanos. As principais vias de contaminação são o contato direto com o esgoto, ou com a água contaminada, que pode afetar os agricultores e as comunidades situadas nas proximidades das áreas irrigadas, e o consumo de produtos contaminados por contato direto com o esgoto, ou com a água contaminada.

Geralmente, as concentrações de metais pesados e de POPs no esgoto doméstico não são suficientes para causar problemas agudos. A maioria dos metais pesados fica retida no solo, sobretudo se for rico em matéria orgânica e tiver pH maior que 7,0. Entretanto, se o solo for ácido, a capacidade de reter esses elementos fica comprometida, possibilitando que, por lixiviação, haja contato com as águas do lençol freático (WHO, 2006).

Os riscos à saúde são maiores quando se aplica esgoto bruto que, além das contribuições domésticas, também recebe contribuições industriais. No Japão, a irrigação de arrozais com água do rio Jinzu, contaminado por lançamentos industriais contendo Cádmio, provocou o surgimento da doença Itai-itai, que afeta os ossos e os rins. Na China, a irrigação com efluentes industriais está associada a um aumento de 36% na incidência de Hepatomegalia e de 100% na de câncer e de malformação congênita (WHO, 2006).

Dentre os poluentes orgânicos persistentes, encontram-se os pesticidas agrícolas e os compostos desreguladores endócrinos e farmacêuticos ativos (Medeiros Netto, 2011). Em relação aos pesticidas, Simmons et al. (2010) consideram que a exposição a tais substâncias via irrigação, com água contaminada, é menos significativa do que a que ocorre via aplicação direta nos cultivos. Estudos realizados por Amoah e outros (2006), em nove grandes mercados e doze pontos de venda especializados, situados nas cidades de Acra, Kumasi e Tamale, em Gana, indicaram que os riscos à saúde, decorrentes de pesticidas nos alimentos, ainda que em níveis elevados, são menores do que os advindos da presença de patógenos nos alimentos.

No que se refere aos compostos desreguladores endócrinos, a concentração desses compostos no esgoto bruto é menor do que a dos hormônios, naturalmente existentes no corpo humano, sendo a capacidade endócrina desses compostos muito inferior à dos referidos hormônios. A maioria dos compostos é removida com tratamento secundário. Tais fatos, e a vida curta fora do corpo humano, fazem com os riscos à saúde, advindos da aplicação de águas residuárias na agricultura seja desprezível. Tal como os compostos desreguladores endócrinos, os farmacêuticos ativos também costumam ser removidos no tratamento do esgoto. A concentração desses compostos no efluente tratado é menor do que a encontrada nos remédios e nos objetos de higiene pessoal. Isso leva a que os riscos à saúde humana sejam pequenos, mesmo se os compostos forem eventualmente absorvidos pelas plantas (Toze, 2006a).

Os agentes patogênicos encontrados nas águas residuais, geralmente, constituiem o principal perigo. A quantidade de patógenos nas águas residuárias de uma comunidade reflete a quantidade de doenças a eles relacionadas. Na Tabela 1.2, apresentam-se as concentrações usuais de microrganismos patogênicos em esgotos sanitários.

Tabela 1.2 Concentrações usuais de microrganismos patogênicos em esgotos sanitários.

Microrganismo	Concentração
Escherichia coli	10^6-10^8/100ml
Salmonellae spp.	10^2-10^3/100ml
Cistos de Giardia sp.	10^2-10^4/L
Oocistos de Cryptosporidium spp.	10^1-10^4/L
Ovos de helmintos	10^1-10^3/L
Vírus	10^2-10^5/L

Fonte: Bastos (2003)

Ainda persistem controvérsias para definir o padrão de qualidade e o grau de tratamento que garantam a segurança sanitária na utilização de esgotos sanitários. Algumas abordagens são adotadas pela Agência Ambiental Americana (USEPA) com base nos riscos potenciais, e pela Organização Mundial da Saúde (OMS), com base nos riscos reais. Quanto menores os riscos à saúde, maior será o custo para tratamento.

Na Tabela 1.3, apresentam-se alguns critérios recomendados pela USEPA para a irrigação com esgotos sanitários.

Tabela 1.3. Recomendações da USEPA para reuso de águas residuárias na agricultura.

Tipo de Irrigação e Cultura	Tratamento	Qualidade do efluente
[1]- Culturas alimentícias não processadas comercialmente - Irrigação superficial ou por aspersão de qualquer cultura, incluindo culturas a serem consumidas cruas	[2,3] Secundário + filtração + desinfecção	pH 6 a 9 - DB0 ≤ 10 mg L^{-1} [4]- Turbidez ≤ 2 uT [5,6]- CR ≥ 1 mg L^{-1} [7,8]- CF ND - Organismos patogênicos ND
[1]- Culturas alimentícias processadas comercialmente - Irrigação superficial de pomares e vinhedos	[2] Secundário + desinfecção	pH 6 a 9 - DB0 ≤ 30 mg L^{-1} [9]- SST ≤ 30 mg L^{-1} [5]- CR ≥ 1 mg L^{-1} [8,10]- CF ≤ 200/100 mg L^{-1}
[11]- Culturas não alimentícias - Pastagens para rebanhos de leite, forrageiras, cereais, fibras e grãos	[2] Secundário + desinfecção	- pH 6 a 9 - DB0 ≤ 30 mg L^{-1} [9]- SST ≤ 30 mg L^{-1} [5]- CR ≥ 1 mg L^{-1} [8,10]- CF ≤ 200/100 mg L^{-1}

Fonte: Fonte: Adaptado de Bastos; Bevilacqua (2006).

1- Culturas alimentícias processadas comercialmente são aquelas que recebem processamento físico, ou químico, prévio à comercialização, suficiente para a destruição de patógenos;

2 - Tratamento secundário é aquele capaz de produzir efluentes com DBO e SST $\leq$ 30 mg L-1;

3 - A coagulação química pré-filtração pode ser necessária para o atendimento à qualidade recomendada do efluente;

4 - Turbidez pré-desinfecção, média diária; nenhuma amostra > 5 UT (ou 5 mg L-1, quando o indicador for SST);

5 - Cloro residual livre após tempo mínimo de trinta minutos de contato;

6 - Residuais ou tempo de contato mais elevados podem ser necessários para a garantia de inativação de vírus e parasitas;

7 - Média móvel de sete dias; nenhuma amostra >14 CF/100mL;

8 - No texto de Bastos e Bevilacqua (2006), a referência é feita a Coliformes termotolerantes. Optou-se pela referência a Coliformes fecais, conforme o texto da USEPA (1994);

9 - Um padrão mais exigente pode ser necessário no caso de irrigação por aspersão;

10 - Média móvel de sete dias; nenhuma amostra >800 CF/100 mL; lagoas de estabilização podem alcançar o critério de qualidade sem a necessidade de desinfecção;

11 - O consumo das culturas irrigadas não deve ser permitido antes de 15 dias após a irrigação; desinfecção mais rigorosa ($\leq$ 14 CF/100 mL), se o período de 15 dias não for observado.

Na Tabela 1.4, apresentam-se as estratégias de controle que podem ser adotadas, com as respectivas estimativas de redução de patógenos, dentro do conceito de barreiras múltiplas.

Tabela 1.4. Estratégias de controle para a redução de patógenos no reuso agrícola.

Estratégias de Controle	Redução (unidades Log)	Observações
Tratamento do esgoto (primário + secundário)	1 - 4	Redução geralmente obtida pelo tratamento do esgoto, variando de acordo com o tipo e com a funcionalidade.
Irrigação localizada de cultivos rasteiros	2	Raízes e outros cultivos, como a alface, que crescem junto ao solo.
Irrigação localizada de cultivos que crescem afastados do solo	4	Cultivos, tais como o tomate, árvores frutíferas, cujos frutos não estão em contato com o solo.
Decaimento no Ambiente	0,5 - 2 por dia	Decaimento que ocorre na superfície dos cultivos entre a última irrigação e o consumo. A redução obtida depende do clima (temperatura, nsolação, umidade, tempo, tipo de cultivo etc).
Lavagem	1	Lavagem de hortaliças e frutas com água potável.
Desinfecção	2-3	Lavagem de hortaliças e frutas com solução desinfetante leve, usualmente com cloro, e enxaguagem com água potável.
Descascagem	1-2	Frutas, repolho e raízes
Cozimento	6-7	Imersão em água fervendo, ou próxima do ponto de ebulição, até que o cozimento assegure a eliminação dos patógenos.

Fonte: Bos et al. (2010)

O uso de reservatórios para armazenar esgotos também pode reduzir a concentração de patógenos. Segundo Jimenéz et al. (2010), no caso dos vírus, a redução pode ser de 2 a 4 unidades log, bactérias podem ter uma redução de 3 a 6 unidades log e protozoários, ovos de oocistos, uma redução de 1 a 2 unidades log. Ainda segundo os autores, caso os reservatórios sejam operados como sistemas de bateladas, com tempo de retenção superior a vinte dias, pode se obter a remoção completa dos ovos de helmintos.

1.11 BIBLIOGRAFIA

Ayers, R.S.; Westcot, D.W. **Water quality for agriculture**. Roma: FAO, 1985. 174 p. Irrigation and Drainage Paper, 29, Rev. 1.

Bastos, R. K. X (Coord.). **Utilização de esgotos tratados em fertirrigação, hidroponia e piscicultura**. Rio de Janeiro: ABES, RiMa, 2003. 267 p. Projeto PROSAB

Bastos, R. K. X.; Bevilacqua, P. D. Normas e Critérios de Qualidade para Reuso da Água. In: Florêncio, L.; Bastos, R. K. X; Aisse, M. M. (Coordenador) **Tratamento e Utilização de Esgotos Sanitários**. Rio de Janeiro: ABES, 2006. p. 17-61.

Bos, R.; Carr, R.; Keraita, B. Assessing and Mitigating Wastewater- Related Health Risks in Low-Income Countries: An Introduction. In: DRECHSEL, Pay et al. (ed.). **Wastewater Irrigation and Health: Assessing and Mitigating Risk in Low-Income Countries**. London: Earthscan, 2010. p. 29-47.

Bracken, P. et al. The road not taken: how traditional excreta and greywater management may point the way to a sustainable future. **Water Science & Technology: Water Supply**, v.7, n1, p. 219-227, 2007.

Brasil. Lei nº 9.433, 8 de janeiro de 1997. Institui a Política Nacional de Recursos Hídricos, cria o Sistema Nacional de Gerenciamento de Recursos Hídricos, regulamenta o inciso XIX do artigo 21 da Constituição Federal, e altera o artigo 1º da Lei nº 8.001, de 13 de março de 1990, que modificou a Lei nº 7.990, de 28 de dezembro de 1989. Brasília: **DOU**, nº 6, 9 de janeiro de 1997, Seção 1, p. 470.

Brasil. Ministério da Integração Nacional. Secretaria de Políticas de Desenvolvimento Regional. **Nova Delimitação do Semi-Árido Brasileiro (cartilha)**. Brasília: Secretaria de Políticas de Desenvolvimento Regional, 2005a. 35f.

CONAMA - Conselho Nacional de Meio Ambiente. **Resolução 357**. Dispõe sobre a classificação dos corpos d'água e diretrizes ambientais para seus enquadramentos. Estabelece as condições e padrões de lançamento de efluentes, e dà outras providências. CONAMA, março de 2005.

Christofidis, D. Água irrigação e segurança alimentar. **Revista ITEM**, Belo Horizonte, n.77, p. 16-21, 2008.

Hespanhol, I. Potencial de Reuso de Água no Brasil: Agricultura, Indústria, Municípios, Recarga de Aqüíferos. **Bahia Análise & Dados**, Salvador, SEI, v. 13, n. Especial, p. 411-437, 2003.

Hespanhol, I. Um Novo Paradigma para a Gestão de Recursos Hídricos. **Revista Estudos Avançados**, São Paulo, v. 22, n. 63, p. 131-158, 2008.

Jiménez, B. et al. Wastewater, Sludge and Excreta Use in Developing Countries: An Overview. In: DRECHSEL, Pay et al. (ed.). **Wastewater Irrigation and Health**: Assessing and Mitigating Risk in Low-Income Countries. London: Earthscan, 2010. p. 3-27.

Jiménez, B.; Asano, T. Water reclamation and reuse around the world. In: JIMÉNEZ, B.; Asano, T. **Water Reuse: An International Survey of Current Practice, Issues and Needs**. London: IWA Publishing, 2008. p. 3-26.

Medeiros Netto, R. De. **Avaliação do reuso agrícola na adequação de Efluentes domésticos urbanos aos padrões da Resolução 357/05 do conama**: estudo de caso da cidade De Sto. Antônio-ba. 2011. 254f. Dissertação (Mestrado em Engenharia ambiental urbana). Escola Politécnica, Universidade Federal da Bahia, Salvador, 2011.

Medeiros, Y. D. P. et al. **Proposta Metodologica para Enquadramento de Corpos d'Água em Bacias de Regiões Semi-Áridas**. Relatório Técnico Final Revisado. Salvador, 2008. 153p.

Oliveira, S.M. A. C.; Von Sperling, M. Avaliação de 166 ETEs em Operação no País, Compreendendo Diversas Tecnologias. Parte 1 - Análise de Desempenho. **Revista Engenharia Sanitária e Ambiental**, Rio de janeiro, v.10, n. 4, p. 358-368, out./dez. 2005.

Pearson, L. J. et al. A Sustainable Decision Support Framework for Urban Water Management. **Water Resources Management**, v. 24, n. 2, p. 363-376, 2010.

Qadir, M.; Scott, C. A. Non-Pathogenic Trade-Offs of Wastewater Irrigation. In: DRECHSEL, Pay et al. (ed.). **Wastewater Irrigation and Health: As-**

sessing and Mitigating Risk in Low-Income Countries. London: Earthscan, 2010. p. 101-126.

Ramos, M. **Gestão de Recursos Hídricos e Cobrança pelo Uso da Água**. São Paulo: Fundação Getúlio Vargas, 2007. 61p.

Resende, Á. V. De. **Agricultura e qualidade da água: contaminação da água por nitrato**. Brasília: EMBRAPA Cerrados. 2002. 29p. (Documento 57).

Savenije, H.H.G.; Van Der Zaag, P. Integrated water resources management: Concepts and issues. **Physics and Chemistry of the Earth**, v. 33, p. 290–297, 2008.

Shuval, H. I. et al. Wastewater Irrigation in Developing Countries: Health Effects and Technical Solutions. **Technical Paper**, n. 51. Washington: The World Bank, 1986. 324p.

Simmons, R.; Qadir, M.; Drechsel, P. Farm-Based Measures for Reducing Human and Environmental Health Risks from Chemical Constituents in Wastewater. In: Drechsel, P. et al. (ed.). **Wastewater Irrigation and Health: Assessing and Mitigating Risk in Low-Income Countries**. London: Earthscan, 2010. p. 209 - 238.

Toze, S. Reuse of effluent water – benefits and risks. **Agricultural Water Management**, v. 80, n.1-3, p.147–159, 2006.

Tzanakakis, V.E., et al. Soil as a wastewater treatment system: historical development. **Water Science & Technology: Water Supply**, v. 7, n.1, p. 67–75, 2007.

UNDP. Beyond scarcity: Power, poverty and the global water crisis. **Human Development Report 2006**. New York: PNUD, 2006. 440p.

Urkiaga, A.;, De Las Fuentes, L.; Bis, B.; Chiru, B.; Balasz, B.; And Hernández, F. Development of analysis tools for social, economic and ecological effects of water reuse. **Desalination**. V. 218, p. 81–91, 2008.

Vieira, V. P. P. B. Recursos Hídricos e o Desenvolvimento Sustentável do Semi-Árido Nordestino **Projeto Áridas**. Brasília: SEPLAN/PR, 1994. 188p.

VON SPERLING, M. **Princípios do tratamento biológico de águas re-**

siduárias. 3 ed. v.1 Belo Horizonte: Departamento de Engenharia Sanitária e Ambiental, 2005. 452 p

Werner, C.; Bracken, P.; Klingel, F. **Ecological sanitation - innovative waste-water management systems**. In: SECTOR NETWORK SOWAS, Accra, 2004.

WHO. Wastewater use in agriculture. In: **WHO Guidelines for the Safe Use of Wastewater**, Excreta and Greywater. Geneva: WHO, 2006. 250 p..

2

Características dos efluentes e padrões para reuso

2.1 Introdução

As águas residuárias domésticas e agroindustriais apresentam, geralmente, elevadas cargas de poluição (carga orgânica, elementos tóxicos, metais pesados, agentes patogênicos, etc), podendo quando lançadas ao meio ambiente, contaminar o solo, as águas superficiais e subterrâneas e os seres vivos que, com ela, fizerem contato. Daí a necessidade de tratar-se essa água antes do seu lançamento no meio ambiente, ou reuso, ação realizada de acordo com os padrões estabelecidos pelas normas técnicas.

As águas residuárias agroindustriais podem ser resultantes do processamento de alimentos, de fibras, de madeira, da produção de álcool e de açúcar, de processamento de animais em abatedouros, de laticínios, do beneficiamento de produtos, como café, laranja etc. Seu lançamento em corpos hídricos, sem o devido tratamento, pode modificar-lhes, significativamente, as condições ecológicas. Águas residuárias de processamento de produtos vegetais podem conter, além de material orgânico, poluentes como solo e pesticidas, entre outros.

As águas residuárias domésticas são produzidas pelas atividades nas residências, restaurantes, supermercados, bares etc, e contêm elevada concentração de agentes patogênicos (vírus, bactérias, protozoários, helmintos), que prejudicam a saúde pública, podendo provocar diversas doenças, como hepatite, febre tifoide, cólera etc.

A principal característica que difere os efluentes agroindustriais dos domésticos e industriais é que, geralmente, os efluentes agroindustriais possuem elevada concentração de material orgânico biodegradável, sendo bastante susceptíveis ao tratamento biológico, conforme se verá adiante. A quantidade e a concentração dos despejos variam amplamente, dependendo dos processos de fabricação empregados e dos métodos de controle dos efluentes (Braile e Cavalcanti, 1993). Além disso, com exceção de algumas atividades, como curtimento de couro, as águas agroindustriais, em geral, não possuem problemas de fitotoxicidade aos microrganismos envolvidos na degradação do material orgânico contido no efluente (Matos, 2001).

2.2 Caracterização dos efluentes

As águas residuárias agroindustriais apresentam grande variação nas características químicas, físicas e biológicas, principalmente em função do tipo de produto processado. Já os esgotos sanitários variam espacialmente, em função de diversas variáveis, desde o clima a hábitos culturais. Além disso, variam também ao longo do tempo, o que torna sua caracterização complexa em termos qualitativos. Metcalf e Eddy (1991) apresentam uma classificação para os esgotos, com características físico-químicas (forte, médio e fraco), concentração de sólidos e concentração de organismos, conforme transcrito na Tabela 2.1.

Tabela 2.1 Caracterização dos esgotos

Características físico-químicas			
Característica (mg L^{-1})	**Forte**	**Médio**	**Fraco**
$DBO_{5,20}$	400	220	110
DQO	1.000	500	250
Carbono Organico Total	290	160	80
Nitrogênio total - NTK	85	40	20
Nitrogênio Orgânico	35	15	08
Nitrogênio Amoniacal	50	25	12
Fósforo Total	15	08	04
Fósforo Orgânico	05	03	01
Fósforo Inorgânico	10	05	03
Cloreto	100	50	30
Sulfato	50	30	20
Óleos e Graxas	150	100	50
Concentrações de sólidos			
Característica (mg L^{-1})	**Forte**	**Médio**	**Fraco**
Sólidos Totais	1.200	720	350
Sólidos Dissolvidos	850	500	250
Sólidos Dissolvidos Fixos	850	500	250
Sólidos Dissolvidos Voláteis	525	300	145
Sólidos em Suspensão Totais	350	220	100
Sólidos em Suspensão Fixos	75	55	20
Sólidos em Suspensão Voláteis	275	165	80
Sólidos Sedimentáveis	20	10	05

Concentrações de organismos	
Característica	**Valor Médio**
Bactérias Totais (por 100 mL)	10^{9} - 10^{10}
Coliformes Totais (NMP/100 mL)	10^{7} - 10^{8}
Coliformes Fecais (NMP/100 mL)	10^{6} - 10^{7}
Estreptococos Fecais (NMP/100 mL)	10^{5} - 10^{6}
Salmonella Typhosa (/100 mL)	10^{1} - 10^{4}
Cistos de Protozoários (/100 mL)	102 - 10^{5}
Vírus (/100 mL)	10^{3} - 10^{4}
Ovos de Helmintos (/100 mL)	10^{1} - 10^{3}

Fonte: Metcalf e Eddy (1991)

A quantidade de poluentes lançados por habitante constitui fator importante quando se trabalha com sistemas de tratamento de esgoto. No Brasil, costumam-se adotar contribuições "per capita" de 54 e 100 g hab.-1dia-1 para a DBO de cinco dias e para a DQO, respectivamente (Piveli, 2007).

A vazão dos esgotos é varia com o consumo de água e depende de vários fatores como poder aquisitivo, turismo, clima e outros, variando de região para região. Como referência, pode-se considerar a contribuição típica de 160 L hab.-1 dia-1, referente ao consumo "per capita" de água de 200 L hab.--1dia-1, e um coeficiente de retorno água/esgoto igual a 0,8. Para a determinação das vazões máximas de esgotos, costumam-se introduzir os coeficientes k1 = 1,2 (relativo ao dia de maior produção) e k2 = 1,5 (relativo à hora de maior produção de esgotos). Consequentemente, a vazão de esgotos do dia e hora de maior produção é 1,8 vez maior (praticamente o dobro) que a vazão média diária. Deve-se lembrar que as características dos esgotos são afetadas também pela infiltração de água subterrânea na rede coletora e pela possível presença de contribuições específicas, como indústrias com efluentes líquidos ligados à rede pública de coleta de esgotos.

Já os esgotos sanitários possuem excesso de nitrogênio e fósforo. O fato faz com que, ao serem submetidos a tratamento biológico, haja incorporação desses macronutrientes nas células que compõem parte do sistema, mas o excesso deverá ser ainda grande. Essa é uma importante preocupação, em termos de tratamento de esgotos, exigindo sistemas avançados, quando se tem lançamento em represas, onde o problema da eutrofização poderá ter consequências drásticas. Por outro lado, para a aplicação em culturas, o excesso de nutrientes é vantajoso, do ponto de vista econômico. Na Tabela 2.2, apresenta-se a concentração de nutrientes para alguns resíduos orgânicos, obtidos a partir dos efluentes líquidos.

Tabela 2.2 Concentração de nutrientes de alguns resíduos orgânicos

Tipo de resíduo	**Conteúdo de Nutrientes (% de matéria seca)**		
	Nitrogênio Total	**P_2O_5**	**K_2O**
Fezes humanas frescas	10,4 - 13,1	2,7 - 5,1	2,1 - 3,5
Estrume bovino fresco	0,3 - 1,9	0,1 - 0,7	2,1 - 3,5
Estrume de suínos	4 – 6	3 – 4	2,5 – 3
Estrume de aves	6	5	2,7
Biomassa	1-11	0,5 - 2,8	1,1 - 11

Fonte: Strauss e Blumenthal (1989)

2.3 Características e custos dos esgotos tratados

Em um importante estudo desenvolvido pelo PROSAB, Programa de Pesquisa em Saneamento Básico, (Chernicharo, 1997) identificaram-se as seguintes características dos esgotos tratados pelos diversos processos, bem como a composição de custos:

- **Processo por lodo ativado convencional**

A operação, sob alta taxa, ocorre com a idade do lodo (Θc) inferior a três dias, sem que seja esperada a nitrificação dos esgotos. Os esgotos tratados apresentam DBO (Demanda Bioquímica de Oxigênio em 5 dias) e SS (sólidos em suspensão) inferiores a 30 mg L-1 e concentração de nitrogênio amoniacal (Namon) superior a 15 mg L-1. O excesso de lodo produzido é da ordem de 35 a 40 g de SS hab.-1 dia-1. O custo de implantação é estimado entre R$100,00 e R$130,00 por habitante, para populações entre 200 e 600 mil habitantes. O consumo de energia para a aeração é estimado em 12 kWh hab.-1 ano-1;

A operação, sob taxa convencional, ocorre com idade do lodo entre 4 e 7 dias, ocorrendo a nitrificação dos esgotos. Os esgotos tratados apresentam DBO5 e SS inferiores a 20 mg L-1 e concentração de nitrogênio amoniacal inferior a 5 mg L-1. O excesso de lodo produzido é da ordem de 30 a 35g de SS hab.-1 dia-1. O custo de implantação é estimado entre R$120,00 e R$160,00 por habitante, para populações entre 200 e 600 mil habitantes. O consumo de energia para a aeração é estimado em 20 kWh hab.-1 ano-1;

- **Processo por Filtros Biológicos Aeróbios de Alta Taxa**

Os esgotos tratados apresentam DBO e SS inferiores a 30 mg L-1 e concentração de nitrogênio amoniacal superiores a 15 mg L-1. O excesso de lodo produzido é da ordem de 35 a 40 g SS hab.-1 dia-1. O custo de implantação é estimado entre R$100,00 e R$130,00 por habitante;

- **Lodos Ativados com Aeração Prolongada**

A operação, sob alta taxa, ocorre com idade do lodo na faixa de 20 a 30 dias, com nitrificação dos esgotos. Os esgotos tratados apresentam DBO inferior a 20 mg L-1, SS inferior a 40 mg L-1 e concentração de nitrogênio amoniacal inferior a 5 mg L-1. O excesso de lodo produzido é da ordem de 40 a 45 g SS hab.-1 dia-1, sendo estabilizado aerobiamente, mais difícil de desidratar. O custo de implantação é estimado entre R$60,00 e R$80,00 por habitante, para populações entre 50 e 150 mil habitantes. O consumo de energia para a aeração é estimado em 35 kWh hab.-1 ano-1;

- **Reator UASB seguido de Lodos Ativados**

A operação para a etapa de lodos ativados, sob alta taxa, ocorre com idade do lodo inferior a três dias, sem que se espere a nitrificação dos esgotos. Os esgotos tratados apresentam DBO inferior a 20 mg L-1, SS inferior a 30 mg L-1, e concentração de nitrogênio amoniacal superior a 20 mg L-1. O excesso de lodo produzido é inferior a 20 g SS hab.-1 dia-1. O custo de implantação é estimado entre R$50,00 e R$80,00 por habitante, para populações entre 50 e 500 mil habitantes. O consumo de energia para a aeração é estimado em 6 kWh hab.-1 ano-1;

A operação, sob taxa convencional, ocorre com idade do lodo entre 4 e 7 dias, esperando-se a nitrificação dos esgotos. Os esgotos tratados apresentam DBO inferior a 20 mg L-1 e SS inferior a 30 mg L-1 e concentração de nitrogênio amoniacal inferior a 5 mg L-1. O excesso de lodo produzido é da ordem de 22 a 27 g SS hab.-1 dia-1. O custo de implantação é estimado entre R$ 70,00 e R$100,00 por habitante, para populações entre 50 e 500 mil habitantes. O consumo de energia para a aeração é estimado em 15 kWh hab.-1 ano-1;

- **Reator UASB seguido de Filtro Biológico de Alta Taxa**

Os esgotos tratados apresentam DBO e SS inferiores a 30 mg L-1 e concentração de nitrogênio amoniacal superiores a 20 mg L-1. O excesso de lodo produzido é da ordem de 25 a 30 g SS hab.-1 dia-1. O custo de implantação é estimado entre R$50,00 e R$80,00 por habitante, para populações entre 20 e 200 mil habitantes;

- **Reator UASB seguido de Filtro Biológico Aerado Submerso**

Os esgotos tratados apresentam DBO inferior a 20 mg L-1, SS inferior a 30 mg L-1 e concentração de nitrogênio amoniacal superior a 20 mg L-1. O excesso de lodo produzido é da ordem de 25 a 30 g SS hab.-1 dia-1. O custo de implantação é estimado entre R$80,00 e R$100,00 por habitante, para populações entre 20 e 200 mil habitantes. O custo com energia para a aeração é da ordem de 6,0 kWh hab.-1 ano-1;

- **Lagoas Aeradas Aeróbias seguidas de Lagoas de Decantação**

Os esgotos tratados apresentam DBO inferior a 30 mg L-1, SS inferior a 40 mg L-1 e concentração de nitrogênio amoniacal superior a 25 mg L-1. O excesso de lodo produzido é da ordem de 15 a 25g SS hab.-1 dia-1, sendo estabilizado e removido a cada 4 ou 5 anos. O custo de implantação é estimado entre R$50,00 e R$70,00 por habitante, para populações entre 30 e 200 mil habitantes. O gasto com energia para a aeração é da ordem de 22 kWh hab.-1 ano-1.

2.4 Padrões para o destino dos efluentes

O processo de destinação final dos efluentes implica atender aos padrões de qualidade para que a destinação possa ocorrer de forma sanitária. Os padrões são regidos por leis federais, estaduais e pela OMS (Organização Mundial de Saúde). A Resolução CONAMA (Conselho Nacional de Meio Ambiente) 357 de 17 de março de 2005 regulamenta o lançamento e o reuso de efluentes em função da atividade desejada e das características físicas, químicas e biológicas.

A seguir, apresentam-se alguns padrões de emissão de esgotos em águas naturais constantes na legislação do Estado de São Paulo, no Decreto 8468 que regulamenta a Lei 997 de 1976, na Legislação Federal, e na Resolução CONAMA 357 (2005).

- **Padrões de emissão de esgotos - Decreto nº 8468**

- pH: entre 5 e 9;

- Temperatura: inferior a 40º C;

- Sólidos Sedimentáveis: inferior a 1 mL L-1;

- DBO5,20: inferior a 60 mg L-1 ou 80% de redução.

- **Padrões de emissão de esgotos - Resolução CONAMA 357**

- pH: entre 5 e 9;

- Temperatura: inferior a 40ºC;

- Sólidos Sedimentáveis: inferior a 1 mL L-1;

- Amônia total: inferior a 20 mg L-1.

O padrão de emissão de 20 mg L-1 para amônia não pode ser atendido pela grande maioria dos processos de tratamento biológicos, exceto pelos aeróbios com idade do lodo elevada.

Apresentam-se, a seguir, a título de ilustração, alguns padrões de qualidade estabelecidos nas legislações para uma água natural classe 2, que pode ser utilizada inclusive para o abastecimento público, após tratamento, e para a irrigação de algumas culturas:

- **Padrões de qualidade – Águas Classe 2 - Decreto Estadual nº 8468 do Estado de São Paulo**

- Oxigênio Dissolvido: não inferior a 5 mg L-1;

- DBO5,20: inferior a 5 mg L-1;

- Coliformes Totais: não superior a 5.000 por 100 mL;

- Coliformes Fecais: não superior a 1.000 por 100 mL.

- **Padrões de qualidade - Águas Doces Classe 1 Resolução CONAMA 357/2005**

- pH: entre 6 e 9;

- Oxigênio Dissolvido: não inferior a 5 mg L-1;

- DBO5,20: inferior a 5 mg L-1;

- Coliformes Totais: não superior a 5.000 por 100 mL;

- Coliformes Fecais: não superior a 1.000 por 100 mL;

- Amônia total:

  - 3,7 mg de nitrogênio por litro para $pH \leq 7,5$;
  - 2,0 mg de nitrogênio por litro para $7,5 < pH \leq 8,0$;
  - 1,0 mg de nitrogênio por litro para $8,0 < pH \leq 8,5$;
  - 0,5 para $pH > 8,5$;

Os limites de amônia são estabelecidos em função do pH, tendo em vista que quanto mais elevado, maior é a parcela de amônia gasosa, NH3, mais tóxica. O íon amônio, NH4+, menos tóxico, predomina em faixas mais baixas de pH;

- Fósforo Total:

  - 0,02 mg de fósforo por litro para ambientes lênticos;
  - 0,025 mg de fósforo por litro para ambientes intermediários, com tempo de residência entre 2 e 40 dias, e tributários diretos de ambiente lêntico;
  - 0,1 mg de fósforo por litro para ambiente lótico e tributários de ambientes intermediários.

Uma dificuldade frequente no atendimento à legislação federal refere-se ao padrão para o fósforo, bastante restritivo. Pode-se observar também, que, dificilmente, a diluição dos esgotos tratados no corpo receptor que dispense a desinfecção final dos esgotos antes do lançamento. Mesmo com o emprego de tratamento físico-químico, à base de coagulante, após o tratamento biológico, é possível que não se alcance as condições para o enquadramento.

De acordo com as normas de saúde pública, para aplicar de efluentes domésticos, ou de criatórios de animais, é necessário, primeiro, avaliar suas características microbiológicas e bioquímicas, considerando o tipo de cultura, de solo, de sistema de irrigação e a forma como produto será consumido. Algumas recomendações são apresentadas a seguir:

- Para culturas que não são consumidas diretamente, a WHO (1989) recomenda tratamento primário para fertirrigação;

- Para culturas que são consumidas diretamente, recomenda-se tratamento secundário, e prováveis desinfecção e filtração;

- Àqueles efluentes cujo contato direto ocorre com pessoas que os manipulam, como é o caso do fertirrigante, é necessário tratamento primário e secundário, mais filtragem e desinfecção;

- Quando não há contato direto, são necessários os tratamentos primário e secundário;

- Águas residuárias de processamento de produtos agropecuários, como soro de leite, vinhaça, entre outros, estão presumivelmente fora de contaminação microbiológica, podendo ser diretamente aplicadas no solo, devendo-se, portanto, considerar suas características químicas; a vinhaça tem sido aplicada quase exclusivamente na cana de açúcar, por razões econômicas e práticas;

- Águas provindas de agroindústrias podem ser aplicadas em forrageiras, grandes culturas e florestas.

2.5 BIBLIOGRAFIA

CHERNICHARO, C. A. L. **Princípios do tratamento biológico de águas residuárias**. Belo Horizonte - MG, DESA-UFMG, 1997. V.5: Reatores anaeróbios, 1a ed.

CONAMA - Conselho Nacional de Meio Ambiente. **Resolução 357**. Dispõe sobre a classificação dos corpos d'água e diretrizes ambientais para seus enquadramentos. Estabelece as condições e padrões de lançamento de efluentes, e dà outras providências. CONAMA, março de 2005.

MATOS, A. T. **Poluição e seus efeitos**. Brasília: ABEAS/DEA-UFV, 2001. 121 p. (Curso de Uso Racional de Recursos Naturais e seus Reflexos no Ambiente, Módulo 6).

PIVELI, R. P. **Notas de aula**: disciplina tratamento de esgoto sanitário. Escola Politécnica da Universidade de São Paulo, 2007.149p.

STRAUSS M.; BLUMENTHAL, U.J. **Human Waste Use In Agriculture and Aquaculture**. Utilization Practices and Health Perspectives. IRCWD Report n°08/89, 1989, 250 p.

3

Concepções para os processos de tratamento de efluentes

O lançamento de efluentes, de forma inadequada no meio ambiente conduz a graves problemas, como o aumento na produção de algas, a deposição de sólidos e o aumento do número de coliformes totais nos cursos d'água. A contaminação da ictiofauna, bem como o aumento na mortandade de peixes e os custos no tratamento da água são alguns dos impactos diretos, gerados por essa prática. Dessa forma, é importante que adotem medidas que solucionem, ou minimizem, tal problema. Isso pode ser realizado, a começar por um bom sistema de coleta dos efluentes para seu tratamento.

3.1 Sistema de coleta para a condução dos efluentes

O sistema de coleta e de transporte dos efluentes pode ser composto por um conjunto de estruturas hidráulicas, que o conduzem desde o ponto onde é produzido até a estação de tratamento, conforme se pode observar na Figura 3.1.

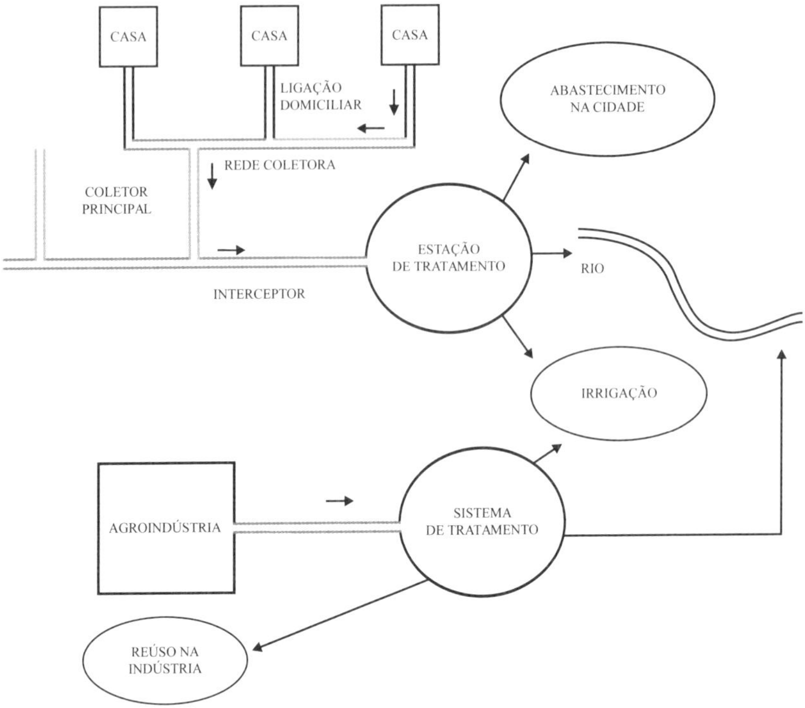

Figura 3.1. Esquema ilustrativo do sistema de coleta, adução, tratamento e destinação final do efluente.

3.1.1 Efluentes domésticos

O esgoto doméstico é um dos resíduos gerados pela atividade humana. Parte dele é levado para a estação de tratamento, onde sofre uma redução no teor de sólidos suspensos, originando o lodo e a água residuária, como subprodutos dos tratamentos.

As tubulações de coleta dos esgotos diferenciam-se, por diâmetro e localização e são instaladas para que o efluente corra, na maior parte do tempo, pela força da gravidade.

Conforme se pode observar na Figura 3.1, nos estabelecimentos para a coleta de efluente doméstico são instaladas canalizações de pequeno diâmetro (ligação domiciliar), que formam redes coletoras e que se unem aos coletores- tronco. O coletor tronco é colocado ao lado dos córregos e recebe efluente de várias redes coletoras. Do coletor-troco, o efluente corre em direção ao interceptor, uma tubulação de diâmetro maior, colocada geralmente ao lado do rio, responsável por conduzir o efluente até a estação de tratamento. Caso não possa ser realizada pela força da gravidade até a estação de tratamento, o efluente é conduzido até uma estação elevatória, que o bombeia até a estação de tratamento.

3.1.2 Efluentes agroindustriais

Os efluentes agroindustriais geralmente são tratados na própria unidade onde são gerados; nesse caso, são conduzidos pela força dar gravidade em tubulações normalmente fechadas, dependendo do tipo de efluente, até a estação onde se localiza o sistema de tratamento; isso porque a utilização do sistema por adução pressurizada onera o custo do tratamento.

O efluente agroindustrial pode ter quatro caminhos bastante distintos, com relação ao processo de tratamento. Entretanto, em qualquer deles, é necessário que se obedeça à legislação vigente:

- passar, se necessário, por um pré - tratamento e ser lançado na rede de esgoto. Tal procedimento é muito comum em indústrias que não pretendem o reuso do efluente, e, sim, o seu lançamento na rede de esgoto, devendo, para isso, ser tratado, de modo a minimizar a carga de poluentes;

- passar, preferencialmente, por um tratamento para reuso na agroindústria, para atividades de consumo dentro do próprio sistema produtivo e, até mesmo, para o consumo humano. Nesse caso, os custos para a purificação da água são mais altos, em função da qualidade requerida;

- ser tratado para lançamento no corpo hídrico, fato bastante comum em centros urbanos;

- ser tratado, preferencialmente, para a utilização em área agrícola, via irrigação, disposição no solo ou outro processo, dependendo do tipo de cultura e da qualidade do efluente. Nesse caso ressalta-se que alguns efluentes agroindustriais, apresentam características biológicas que possibilitam o lançamento direto no solo, como é o caso da vinhaç e do soro de leite, entre outros. Entretanto devem ser consideradas as características químicas para sua aplicação.

A principal característica que difere os efluentes agroindustriais dos domésticos e industriais é que, geralmente, os efluentes agroindustriais possuem elevada concentração de material orgânico biodegradável, sendo bastante susceptíveis ao tratamento biológico, conforme se verá adiante. A quantidade e a concentração dos despejos variam amplamente, dependendo dos processos de fabricação empregados e dos métodos de controle dos efluentes (Braile e Cavalcanti, 1993). Além disso, com exceção de algumas atividades, como curtimento de couro, as águas agroindustriais, em geral, não possuem problemas de fitotoxicidade aos microrganismos envolvidos na degradação do material orgânico contido no efluente (Matos, 2001).

3.2 A estação de tratamento

O processo de tratamento das águas residuárias é desenvolvido, essencialmente, por processos biológicos, em conjunto com as operações físicas de concentração e separação de sólidos. Processos físico-químicos, como aqueles à base de coagulação e floculação, normalmente não são empregados por resultarem em maiores custos operacionais e em menor eficiência na remoção da matéria orgânica biodegradável.

O tratamento físico-químico pode ser aplicado isoladamente, ou associado aos processos biológicos em algumas situações, notadamente quando há condições bastante restritivas para as descargas de fósforo.

O tratamento biológico pode ser subdividido em dois grandes grupos: os processos aeróbios e os anaeróbios. Existe consenso entre os pesquisadores sobre o interesse em associá-los, obtendo-se, com isso importantes vantagens técnicas e econômicas. Os processos biológicos podem ser classificados, também, em função do tipo de reator, podendo ser de crescimento em suspensão na massa líquida, ou de biomassa aderida.

Nos reatores de crescimento em suspensão, não há suporte inerte para a aderência dos microrganismos, o que determina que cresçam, geralmente, floculados e em suspensão na massa líquida. No caso dos reatores aeróbios, o próprio sistema de aeração encarrega-se de manter os sólidos biológicos em suspensão.

Já nos reatores de biomassa aderida, há introduzem-se de materiais de enchimento, como areia, pedras ou plástico, dentre outros, que podem ser mantidos fixos, ou móveis, no reator, garantindo a aderência da biomassa, que cresce sob a forma de biofilme aderido ao meio inerte.

Os microrganismos responsáveis pela degradação da matéria orgânica dos efluentes líquidos compõem a biomassa do sistema, sendo de grande importância no processo de degradação biológica. Tais processos podem ser classificados também em função da retenção, ou não, de biomassa.

Nos processos onde não ocorre retenção de biomassa, o tempo de detenção hidráulica, também conhecido como o tempo de passagem da água residuária pelo sistema, equivalente ao tempo de residência celular, representa o tempo de permanência dos microrganismos no sistema. Assim, se se desejar que os microrganismos permaneçam durante determinado período no reator, as águas residuárias deverão ser retidas pelo mesmo período; é o caso, por exemplo, das lagoas aeradas mecanicamente de mistura completa.

Nos sistemas com retenção de biomassa, esse mecanismo deverá ser produzido de alguma forma, conforme se verá adiante. Quando se empregam reatores de crescimento em suspensão na massa líquida, como é o caso dos tanques de aeração dos processos de lodos ativados, a retenção de biomassa é realizada forçando-se a recirculação do lodo sedimentado nos decantadores, posicionados à jusante do reator biológico. Já nos reatores de biomassa aderida, sejam de leito fixo, sejam de leito móvel, a retenção de biomassa é garantida pela própria aderência dos microrganismos ao meio/suporte, formando os biofilmes.

3.3 Processos para o tratamento de águas residuárias

O processo por lodo ativado convencional é composto das seguintes etapas:

- tratamento preliminar: gradeamento e desarenação;
- decantadores primários e secundários;
- tanques de aeração;
- adensadores de lodo e digestores de lodo;
- sistema de desidratação de lodo.

A execução do processo nos decantadores primários tem a função de reduzir a carga orgânica do afluente para o tratamento biológico. O lodo retirado nos decantadores secundários retorna para os tanques de aeração, mas há a necessidade de descarte do lodo excedente, para o controle do processo biológico. Ambos os lodos, produzidos nos decantadores primários e secundários, podem ser encaminhados para uma digestão biológica conjunta, ou direcionados a aterros sanitários, dependendo das características químicas, biológicas e de toxicidade dos mesmos.

No processo derivado do sistema por lodos ativados, conhecido por lodo ativado com aeração prolongada, não se empregam decantadores primários. O tratamento biológico é condicionado de forma a produzir um excesso de lodo mais mineralizado, ou seja, mais bem digerido pelos próprios microrganismos, de forma a dispensar qualquer tipo de digestão complementar para o lodo.

Em situações onde ocorrem grandes flutuações de população e, consequentemente, de carga orgânica, o sistema com aeração prolongada pode operar sob o regime de bateladas sequenciais. Neste, também, não são necessários os decantadores secundários, atribuindo-se a separação do lodo contido no efluente final aos tanques de aeração. Estes são alimentados na forma de rodízio, e a operação de sedimentação ocorre em tanques que não estejam sendo alimentados por esgotos em períodos pré-estabelecidos e de forma sincronizada. Assim, um sistema de lodos ativados com aeração prolongada, operando em bateladas, fica reduzido a:

- tratamento preliminar: gradeamento e desarenação;
- tanques de aeração e decantação;
- adensadores de lodo;
- sistema de desidratação de lodo.

Um sistema de lagoas aeradas mecanicamente pode ser entendido como um processo de lodos ativados sem recirculação do lodo. As principais unidades que o compõem são:

- tratamento preliminar: gradeamento e desarenação;
- lagoas aeradas mecanicamente;
- lagoas de decantação.

Além dos sistemas acima, é necessário contar com outro para remoção e tratamento do lodo separado das lagoas de decantação.

Os problemas de sobrecarga em um sistema de lagoas de estabilização foram parcialmente solucionados por meio da introdução dos sistemas por lagoas aeradas mecanicamente. Nestes, as unidades centrais são as lagoas facultativas, que contêm os aeradores mecânicos, com função de propiciar ventilação e introduzir oxigênio na água, que passa a oxigênio dissolvido, contribuindo para acelerar as reações de decomposição do material orgânico. Dessa forma, a oxigenação não fica dependente da ventilação superficial e da fotossíntese de algas. São chamadas facultativas porque ocorre sedimentação do material biodegradável no fundo, que entra em decomposição anaeróbia.

As lagoas facultativas podem, ou não, ser precedidas por lagoas anaeróbias, cuja função é promover o alívio da carga orgânica, e sucedidas de lagoas por maturação, cujo principal objetivo é aumentar o grau de desinfecção dos esgotos e, como objetivo secundário, pode reduzir a concentração de nutrientes no efluente. O chamado sistema australiano de lagoas de estabilização é composto por:

- tratamento preliminar: gradeamento e desarenação;
- lagoas anaeróbias;
- lagoas facultativas fotossintéticas;
- lagoas de maturação.

Pode-se usar um sistema de tratamento por filtros biológicos aeróbios, simplesmente substituindo-se as unidades principais do sistema por lodo ativado convencional e os tanques de aeração, pelos filtros biológicos. Porém, neste caso, normalmente não há necessidade de retorno do lodo. Assim, um sistema de tratamento de água residuária, utilizando filtros aeróbios, é composto pelas seguintes unidades principais:

- tratamento preliminar: gradeamento e desarenação;
- decantadores primários;
- filtros biológicos aeróbios;
- decantadores secundários;
- adensadores, digestores, sistema de desidratação do lodo.

O processo anaeróbio ocorre na maioria das vezes em reatores de manta de lodo fechados. Tais reatores podem ser chamados de UASB "Upflow Anaerobic Sludge Blanket", RAFA " Reator Anaeróbio de Fluxo Ascendente", RALF "Reator Anaeróbio de Leito Fluidificado", e RAFAALL " Reator Anaeróbio de Fluxo Ascendente Através do Leito de Lodo" (COSTA, 2008). Tais reatores têm sido bastante estudados com alta maturidade e com certa posição de destaque. Nesses tipos de sistema, a geração de sólidos é considerada baixa, e a conversão de matéria orgânica em biogás, é da ordem de 70% (CHERNICHARO, 1997).

Uma das principais tendências atuais do tratamento de esgoto sanitário consiste na inclusão de uma etapa inicial de tratamento anaeróbio. O reator anaeróbio que mais se tem consolidado no Brasil é o reator conhecido por UASB. Esses sistemas mistos são constituídos por tratamento preliminar e pelos reatores UASB, que podem ter seus efluentes completamente tratados para algumas finalidades por um dos seguintes processos alternativos:

- lodos ativados;
- lagoas aeradas mecanicamente;
- lagoas de estabilização;
- filtros biológicos aeróbios;
- tratamento físico-químico.

3.4 BIBLIOGRAFIA

BRAILE, P. M.; CAVALCANTI, J. E. W. A. **Manual de Tratamento de Águas Residuárias Industriais**. São Paulo, CETESB. 1993.

CHERNICHARO, C. A. L. **Princípios do tratamento biológico de águas residuárias**. Belo Horizonte - MG, DESA-UFMG, 1997. V.5: Reatores anaeróbios, 1a ed.

MATOS, A. T. **Poluição e seus efeitos**. Brasília: ABEAS/DEA-UFV, 2001. 121 p. (Curso de Uso Racional de Recursos Naturais e seus Reflexos no Ambiente, Módulo 6).

4

Sistemas para o tratamento dos efluentes

4.1 Considerações iniciais

A execução dos processos de tratamento dos efluentes requer que se analisem os seguintes quesitos: o nível de tratamento desejado, os objetivos e a destinação final dos efluentes. As etapas de tratamento utilizadas para efluentes líquidos são as seguintes: preliminar, primário, secundário e terciário, diferenciando-se, em alguns casos, o sistema primário. A distribuição dos processos nessa classificação tem sido motivo de divergência entre os autores, uma vez que um grupo enquadra determinados processos unitários em um nível de tratamento, enquanto o outro, em níveis diferentes. Nessa direção, deve-se ressaltar a necessidade da análise dos aspectos qualitativos do efluente para seu enquadramento em determinado processo

Os resíduos líquidos apresentam diferenças em suas características químicas, físicas, biológicas e de toxicidade. Normalmente, efluentes de origem industrial apresentam cargas de poluentes tóxicos, advindos das indústrias, enquanto efluentes domésticos têm, em sua composição, cargas de óleos e gorduras, devidos às atividades diárias em cozinhas de restaurantes e casas, entre outras. Por outro lado, efluentes de agroindústrias podem apresentar grande quantidade de material sólido grosseiro, o que implica a instalação de sistema de tratamento preliminar.

Os sistemas de tratamento utilizados para remover poluentes, predominantemente os orgânicos, de efluentes são apresentados na Tabela 4.1 de forma resumida.

Tabela 4.1 Sistemas de tratamento utilizados em função do tipo de poluente

Sistema de tratamento	Poluentes a remover
(Desarenadores, sedimentação, gradeamento, peneira, caixa de gordura)[1]	Material sólido em suspensão e decantável
(Lagoas de estabilização, lodo ativado, disposição no solo)[3], (filtros anaeróbios, reatores anaeróbios)[3]	Material orgânico biodegradável
(Lagoas de maturação, desinfecção com produto químico, radiação ultravioleta)[3] disposição no solo [2]	Patogênicos
(Processo físico-químico, nitrificação denitrificação)[4], disposição no solo[3]	Material orgânico e Nitrogênio
(Processo físico químico, remoção biológica) [4]	Fósforo

[1]Tratamento em nível preliminar ,[2]Tratamento em nível primário [3]Tratamento em nível secundário [4]Tratamento em nível terciário

4.2 Eficiência da remoção de poluentes

A eficiência na remoção dos poluentes indicará a capacidade de determinado sistema de tratamento em remover o material indesejável contido nas águas residuárias de diversos processos. Remover poluentes dos efluentes é de grande importância quando se pretende seu reuso, principalmente agrícola. Na Tabela 4.2 apresenta-se a estimativa da eficiência esperada de remoção de poluentes nos diversos processos de tratamento.

Tabela 4.2. Estimativa de eficiência na remoção de poluentes esperada nos diferentes níveis de tratamento incorporados em uma ETE.

Tipo de tratamento	Matéria orgânica (% DBO)	Sólidos em Suspensão (%SS)	Nutrientes (% nutrientes)	Bactérias (% remoção)
Preliminar	5 - 10	5 - 20	não remove	10 - 20
Primário	25 - 50	40 - 70	não remove	25 - 75
Secundário	80 - 95	65 - 95	pode remover	70 - 99
Terciário	40 – 99	80 - 99	até 99	até 99,999

Fonte: CETESB (1998)

4.3 Sistemas de tratamento

4.3.1 Tratamento Preliminar

Constitui a etapa inicial do tratamento da água residuária. Não há praticamente remoção de DBO; consiste em uma preparação dos esgotos para o tratamento posterior.

Objetivos

Remoção de sólidos grosseiros, óleos e graxas, objetivando proteger dispositivos de transporte das águas (bombas, e tubulações) e as unidades subsequentes do tratamento, bem como minimizar o impacto em corpos receptores.

Recipientes utilizados

Usam-se grades, telas, peneiras, caixa de areia, caixa de gordura. Quando se tem decantador primário no sistema de tratamento, a caixa de gordura é dispensada.

Medidor de vazão

Além das unidades de remoção de sólidos (grade e caixa de areia), é importante a instalação de medidores de vazão (calhas ou vertedor) logo na entrada dos sistemas de tratamento. O medidor de vazão irá auxiliar no controle da quantidade de afluente que entra para ser tratado, de grande importância para o manejo do efluente a retirar do sistema de tratamento.

Na Figura 4.1, ilustram-se as etapas do processo referente ao tratamento preliminar, utilizando um medidor de vazão após a caixa de areia.

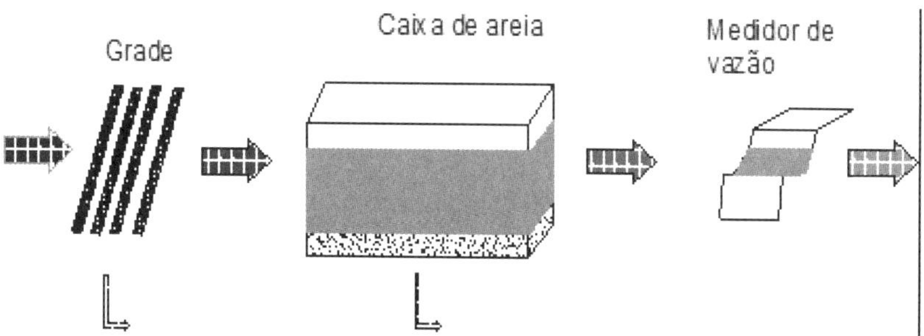

Figura 4.1. Esquema ilustrativo do tratamento preliminar Adaptado de Von Sperling (1996).

4.3.1.1 Gradeamento e Peneiramento

As grades (Figura 4.2) são dispositivos que fazem parte da etapa preliminar do sistema de tratamento de efluentes para remoção de poluentes por métodos físicos.

Figura 4.2. Fotos de grades utilizadas para ETE

Objetivos

Remoção de sólidos grosseiros com grandes dimensões, como folhas, madeira, osso, cascas, etc.

Finalidades

- Facilitar o tratamento posterior;
- Proteger o efluente do sistema de transporte, do como tubulações e bombas, caso tenha;
- Diminuir o tempo gasto na limpeza do sistema de tratamento.

Manejo do sistema

Deve ser realizada limpeza contínua da grade, evitando o represamento e o arraste do material;

O material removido dever ser encaminhado a outros destinos, que podem ser incineração, compostagem, aterro sanitário, entre outros.

■ Grades

O gradeamento é essencial na remoção de partículas grosseiras das águas residuárias, sendo necessário no tratamento preliminar de processamento de frutas e hortaliças e em abatedouros. A grade é geralmente colocada em um canal, sendo o espaçamento das barras função do diâmetro das partículas a remover. A grade a utilizar dependerá das dimensões do material a remover, podendo ser grossa, média ou fina. A remoção do material da grade pode ser manual (45° com a horizontal) ou mecanizada (60° com a horizontal), ficando a critério de quem a opera, de forma a facilitar a limpeza.

As grades podem ser classificadas de acordo com o espaçamento entre as barras, conforme a Tabela 4.3.

Tabela 4.3 Classificação das grades

Tipo de grade	Espaçamento (cm)
grade grosseira	4 - 10
grade média	2 - 4
grade fina	1 - 2

Fonte: Jordão; Pessoa (1995)

Dimensionamento das grades

As grades são projetadas para que ocorra uma velocidade de passagem entre 0,6 e 1,0 m/s, tomando-se, como referência, a velocidade máxima horária de efluentes. A obstrução máxima admitida é de 50% da área da grade, devendo-se adotar, como perdas de carga mínimas, os valores de 0,15 m para grades de limpeza manual e de 0,10 m para grades de limpeza mecanizada.

Para o cálculo da perda de carga (ΔH) nas grades, pode-se utilizar a fórmula de Metcalf e Eddy (1991), dada pela Equação 4.1.

$$\Delta H = 1{,}43.\ (v2 - vo2)\ /2g \qquad (4.1)$$

em que:

v é a velocidade (m s-1) de passagem pela grade, vo é a velocidade (m s-1) de aproximação e g, é a aceleração da gravidade (m s-2).

A relação entre a área da seção transversal do canal e a área útil da grade é dada pela Equação 4.2.

$$S = Au. (a + t) / a \qquad (4.2)$$

em que:
S - área da secção transversal do canal, até o nível de água (m2);
Au - área útil da grade (m2);
a - espaçamento entre as barras (m); e,
t - espessura das barras (m2).
A relação a / (a + t) é chamada de eficiência (E) da grade e representa a fração de espaços vazios em relação à área total.

Fixando-se a velocidade de passagem, pode-se determinar a área útil da grade por meio da Equação 4.3 (Equação da continuidade).

$$Au = Qmàx / v \qquad (4.3)$$

em que :

Qmàx é a vazão máxima (m3) e v, é a velocidade do fluxo (m s-1).

Obtendo-se a área útil, pode-se calcular a área da secção transversal do canal (S). Escolhendo-se a espessura e o espaçamento entre barras determina--se a eficiência (E), conforme Equação 4.4.

$$E = Au/S \qquad (4.4)$$

Obtendo-se a área da secção transversal, a largura do canal da grade pode ser determinada por intermédio do conhecimento da lâmina líquida na calha Parshall a jusante.

Além das grades anteriormente descritas, podem-se também usar as grades de barras curvas, as peneiras estáticas e as peneiras rotativas para remoção de sólidos grosseiros dos esgotos sanitários. As peneiras estáticas são bastante utilizadas no pré-condicionamento de esgotos, antes do lançamento em emissários submarinos, e também no tratamento de efluentes de matadouros e frigoríficos, dentre outras aplicações. As peneiras rotativas também são bastante utilizadas no tratamento de efluentes líquidos industriais. Quando se emprega o tratamento por reatores anaeróbios do tipo UASB, as peneiras são preferíveis, reduzindo, substancialmente, o acúmulo de escuma na superfície dos reatores. Para observar detalhes a respeito do projeto e da construção dos sistemas de gradeamento, recomenda-se consultar a NB - 569 e a NB - 12.209: 1992 da ABNT.

- **Peneiras**

O sistema de peneiras tem as mesma finalidade do gradeamento, acrescentando a remoção parcial de sólidos sedimentáveis, gorduras e graxas. Possuem abertura de 0,25 a 2,5 mm, classificando-se em:

- Estática

Operação por gravidade, simples, mas apresenta problemas de entupimento e menor eficiência. As peneiras estáticas (Figura 4.3) não possuem dispositivo mecânico, sendo bastante empregadas em indústrias de papel e celulose, têxteis, frigoríficos e indústrias de suco. O fluxo do esgoto flui na parte superior, passando pela peneira inclinada e os sólidos retidos são movidos pela força do próprio efluente.

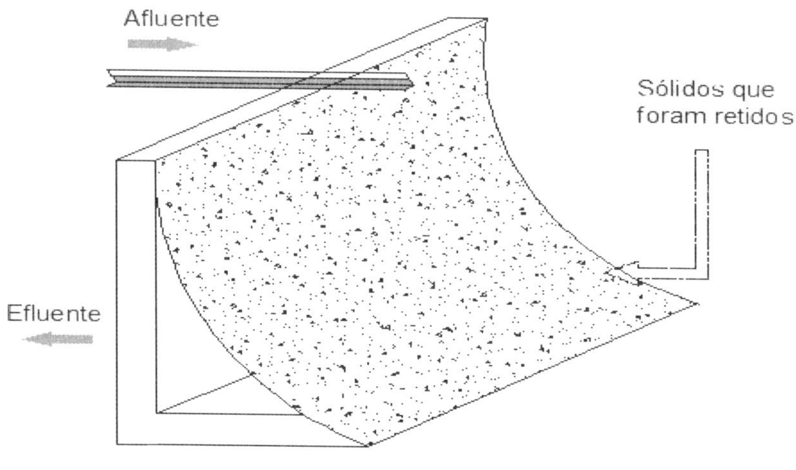

Figura 4.3. Desenho esquemático de uma peneira estática para ETE.

- Rotativas

As peneiras rotativas (Figura 4.4) são montadas sobre dispositivos mecanizados, onde se utiliza movimento vertical, ou tambor rotativo, para separar os sólidos. O efluente entra na parte superior, atravessa as fendas e é recolhido na caixa inferior. Os sólidos são separados por uma lâmina raspadora e destinados a um vaso coletor. Seu dimensionamento é realizado em função da taxa de aplicação (escoamento), determinada pelo fabricante. Têm a vantagem de ser autolimpantes.

Figura 4.4. Foto de uma peneira rotativa

4.3.1.2 **Desarenadores ou caixas de areia**

Dispositivo sedimentador que vem logo após a grade, ou peneira, de tratamento de efluentes para remover poluentes por métodos físicos, na etapa preliminar. O mecanismo utilizado é a sedimentação, muito importante no tratamento de água residuária para a lavagem de raízes, tubérculos e frutos de café. Assim, partículas com peso específico muito maior que o da água irão sedimentar, enquanto o material orgânico de baixo peso específico e sedimentação lenta ficará em suspensão, indo para a unidade de tratamento subsequente. A Figura 4.5 ilustra o processo de sedimentação por gravidade, tendo-se:

Vh - velocidade de escoamento (m s-1);
VS- velocidade de sedimentação (m s-1);

q- taxa de fluxo (m3 m-2 s-1);
A- área superficial (m2);
S- área transversal (m2);
B- largura (m);
H- carga hidráulica (m); e
L= comprimento (m).

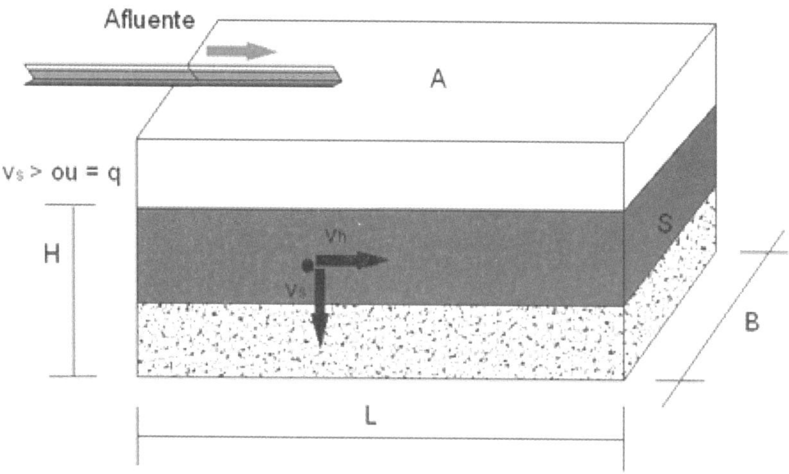

Figura 4.5. Esquema ilustrativo do processo de sedimentação por gravidade.

Objetivos

Remoção de sólidos grosseiros decantáveis, como areia, cascalho, grãos de café, milho, ração, restos de frutas e hortaliças, pedaços de osso, etc.

Finalidades

- Evitar problemas de abrasão nos equipamentos;
- Reduzir problemas de obstrução e avarias na tubulação; e
- Minimizar problemas de assoreamento nos corpos receptores, bem como em tanques e tubulações.

Manejo do sistema

Deve ser realizada a retirada do material quando ele ocupar 2/3 do comprimento da caixa de areia. O material removido dever ser encaminhado ao destino que pode ser o uso em construção civil, o aterro sanitário e outros, dependendo da qualidade em que se enquadrar.

Dimensionamento

Com o objetivo de sedimentar partículas de areia com diâmetros maiores que 0,2 mm, a seção do tanque deverá proporcionar uma velocidade de escoamento do efluente adequada para que ocorra o tratamento. Velocidades altas provocam o arraste de partículas e dificultam sua sedimentação, enquanto velocidades baixas podem provocar exalação de odores desagradáveis em razão da sedimentação de material orgânico, que, em decomposição, exala gases mal cheirosos.

De acordo com a norma NB-570: 1990 da ABNT, são feitas as seguintes considerações:

- a vazão considerada no dimensionamento do desarenador deve ser a máxima afluente;
- recomenda-se taxa de escoamento superficial de 600 a 1300 m3 m-2 dia-1;
- a seção transversal mínima do desarenador deve ser de 0,20 m de profundidade por 0,20 m de largura (no caso de limpeza manual, usar largura de 0,30 m para facilitar a limpeza do desarenador);
- o projeto deve ser concebido para a remoção mínima de 95% em massa das partículas de areia (diâmetro de 0,2mm e peso especifico de 2,65 g cm-3);
- com esses dados, a velocidade de sedimentação (Vs) das partículas é da ordem de 0,02 m s-1; e,
- a velocidade de escoamento (Vh) da água residuária deverá situar-se entre 0,2 e 0,35 m s-1.

No princípio da sedimentação discreta, é muito importante o dimensionamento do comprimento L. A velocidade de sedimentação das partículas (Vs) deve ser maior ou igual à taxa de fluxo ou taxa de escoamento superficial (q) em que: Vs (m s-1) e q (m3 m-2 dia-1). Vs é uma propriedade da partícula, podendo ser manipulada mediante a operação dos processos de coagulação-floculação. T_d e T_s são os tempos de detenção hidráulica e de sedimentação, respectivamente. T_d é obtido conforme Equação 4.5, descrita conforme segue.

$t_s = h/V_s$ e $t_d = L/V_h$

$V_h = Q/S = Q/B.H$

$$t_d = L.B.h/Q \qquad (4.5)$$

Como o tempo de sedimentação (t_s) deve ser igual ao tempo de detenção (t_d):

$h/V_s = L.B.h/Q \rightarrow V_s = Q/L.B$

$V_s = Q/L.B \rightarrow V_s = Q/A \rightarrow A = Q/V_s$

$$Vs = \frac{Q}{B_L} = \frac{Q}{A_s} \qquad q = \frac{Q}{A_s}$$

Partículas com Vs superior a q serão removidas durante o processo gravitacional de sedimentação. O valor de q é função da geometria do decantador; portanto, é um parâmetro de projeto.

No processo de sedimentação discreta, o que importa é a área superficial, assim:

$A = Q/V_s \rightarrow B.L = B.H.V_h/V_s \rightarrow L = 0{,}30H/0{,}02 \rightarrow L = 15.H$

Por questão de segurança, acrescenta-se 50% no valor de L, conforme Equação 4.6.

$$L = 22{,}5.H \qquad (4.6)$$

Costuma-se considerar B = 4H.

OBS: A norma apresentada é aplicada a esgoto doméstico, portanto, nem sempre poderá ser utilizada para água residuária agroindustrial, devendo o projetista ter bom senso no momento de análise.

4.3.1.3 Remoção de gordura e de sólidos flutuantes

Materiais sólidos flutuantes têm menor densidade que o líquido circulante, ficando na superfície dos decantadores, onde são coletados e removidos para posterior tratamento. A caixa de gordura é um dispositivo (caixa) sedimentador que vem logo após a grade ou peneira para remoção de poluentes por métodos físicos. Ver Figura 4.6.

Figura 4.6. Caixa de gordura

Objetivos

Remoção de material flutuante, como óleos, graxas, ceras, gorduras etc.

Finalidades

- Evitar aderência em peças especiais da rede hidráulica;
- Minimizar problemas de odores desagradáveis e a proliferação de moscas durante o tratamento.

O uso da caixa de gordura é extremamente importante em águas residuárias de laticínios, matadouros e outros processos que apresentem efluentes com gorduras, óleos e graxas, pois, estes contribuem para formar de uma crosta nas lagoas anaeróbias. Entretanto, apesar de vantajosa, a formação da crosta, do ponto de vista de manter a anaerobiose, contribui para a proliferação de moscas.

Manejo do sistema

Deve ser realizada limpeza periódica para remover óleos e gorduras retidos e enviados a aterros sanitários, ou à reciclagem, como indústria de sabão e glicerina.

Dimensionamento

O princípio de funcionamento é o mesmo do tanque de sedimentação, com a diferença no sentido de deslocamento das partículas que se desejam separar, conforme a Figura 4.7. O dimensionamento é realizado pelas Equações 4.7 e 4.8

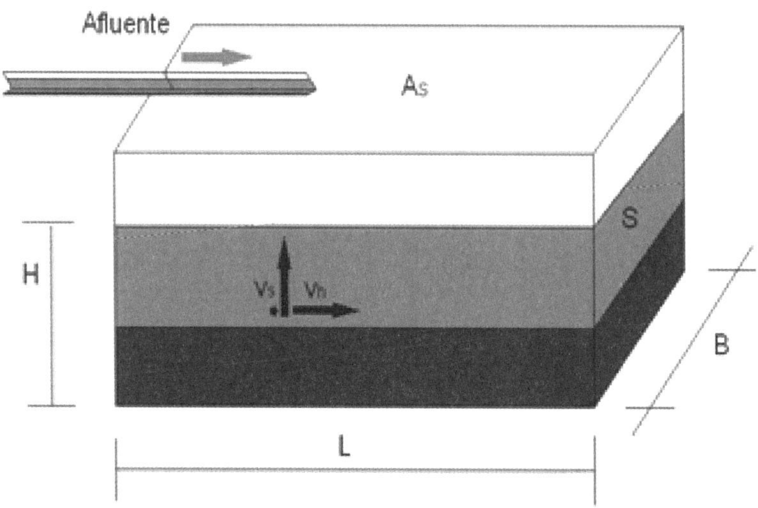

Figura 4.7. Esquema ilustrativo das variáveis a considerar no dimensionamento da caixa de gordura

$$V = Q.t_d \quad (4.7)$$

$$As = Q/V_{as} \quad (4.8)$$

em que:

Q - vazão do afluente ($m^3 h^{-1}$);

t_d - tempo de detenção da água residuária (h), devendo variar de 1 a 15 minutos, sendo 5 minutos o valor típico;

V_{as} - velocidade mínima de ascensão ($m h^{-1}$), determinada experimentalmente

São poucas as informações sobre a velocidade de ascensão de óleos e de gorduras. Na falta de informação, utiliza-se valor entre 1 e 15 $m h^{-1}$. Óleo de linhaça apresenta velocidade de ascensão de aproximadamente 14,4 $m h^{-1}$ (Matos, 2004).

A velocidade de escoamento deve ser maior que 36 $m h^{-1}$, para que se minimize a deposição de material orgânico, evitando maus odores.

A área superficial do tanque é de grande importância no projeto. Nesse sentido as taxas de aplicação sugeridas por Matos (2004), são de no máximo 1 a 1,5 $m^3 m^2 h^{-1}$ para efluentes com elevada concentração de óleos e gorduras e de, no máximo 3,6 $m^3 m^2 h^{-1}$ para efluentes com baixa concentração de óleos e gorduras. Assim, a taxa da área superficial (A_s) é determinada em função da taxa de aplicação (T_a), conforme a Equação 4.9.

$$A_s = Q/T_a \qquad (4.9)$$

4.3.2 Tratamento Primário

Apesar de o esgoto apresentar um aspecto ligeiramente mais razoável após a fase de pré-tratamento, possui, ainda, praticamente inalteradas as suas características poluidoras, contendo grande quantidade de sólidos não grosseiros em suspensão, que se podem remover parcialmente em unidades de decantação. Uma parte significativa desses sólidos em suspensão é compreendida pelo material orgânico em suspensão. Assim, a sua remoção por processos simples, como a decantação, implica a redução da carga de DBO dirigida ao tratamento secundário, no qual a sua remoção é, de certa forma, mais custosa.

O tratamento primário constitui etapa intermediária em sistema de tratamento mais completo ou final, no caso de disposição de água residuária no solo, dependendo de características da cultura e do solo. Sua eficiência fica em torno de 30-40 % de DBO, sólidos suspensos (SS) 60 - 70% e coliformes 30 - 40 %.

Objetivos

- remover material em suspensão não grosseiro e solutos flutuantes restantes após o tratamento preliminar, por decantação;
- reduzir a carga de DBO conduzida a tratamentos posteriores.

Como exemplos de tratamento primário podem-se mencionar:

DECANTADOR PRIMÁRIO: equipamento utilizado para remover parte do material orgânico sedimentável, diminuindo a necessidade de aeração do afluente;

FOSSA SÉPTICA: equipamento, constituído basicamente por um sistema de decantação. Neste, o afluente permanece por um longo tempo, removendo-se os sólidos sedimentáveis após um período de 3 - 5 anos, suficiente para que olodose estabilize;

FILTRO e REATOR ANAERÓBIO: sistema utilizado para o tratamento anaeróbio complementar aos tanques sépticos, uma vez que o efluente do tanque ainda apresenta características desagradáveis, como odores e microrganismos presentes;

FILTROS ORGÂNICOS: visam remover o material orgânico em suspensão. O material filtrante pode ser bagaço de cana, sabugo de milho triturado, pergaminho de grãos de café etc. Depois de exaurida a capacidade de remoção, o material filtrante deve ser substituído, conduzindo-se o material orgânico retirado para compostagem após a estabilização. A eficiência com filtros orgânicos pode ser de sólidos totais>40%; sólidos suspensos>90%; óleos e graxas>95%; DBO>60% para águas residuárias de suinocultura (MATOS, 2005).

Aproveitamento do efluente

O tratamento primário proporciona condições de a água ser conduzida e aplicada no solo, observadas as normas aplicáveis para a destinação final.

4.3.2.1 Decantação

Concepção inicial

O processo de sedimentação é governado, principalmente, pela concentração das partículas em suspensão. Quanto mais concentrado for o meio, maior é a resistência à sedimentação. Em suspensões bastante diluídas, prevalece a sedimentação do tipo I (individual ou discreta). Neste caso, as partículas sedimentam-se individualmente sem ocorrer inter-relações, segundo uma velocidade constante, ao longo da profundidade do tanque. É o tipo de sedimentação predominante nas caixas de areia. Neste caso, a velocidade de sedimentação pode ser calculada por meio do equilíbrio de forças atuantes sobre a partícula na direção vertical (força gravitacional, para baixo, e empuxo mais força de atrito, para cima), do qual resulta a lei de Stokes.

Aumentando-se a concentração de sólidos em suspensão, passa a prevalecer a sedimentação do tipo II, também chamada de sedimentação floculante. Neste caso, a maior concentração de partículas permite a formação de emaranhados, ou flocos de maior velocidade de sedimentação ao longo de suas trajetórias, fazendo com que a velocidade de sedimentação aumente com a profundidade. É o que, tipicamente, ocorre nos decantadores das ETEs, também nos decantadores primários de esgotos, onde a relativa e elevada concentração de sólidos em suspensão permite tais interações. A partir deste caso, não é mais válida a lei de Stokes, devendo-se proceder a ensaios em colunas de sedimentação de modo a obter parâmetros para o projeto das unidades.

Aumentando-se ainda mais a concentração da suspensão, passa a prevalecer a sedimentação do tipo III (também chamada de sedimentação por zona, retardada ou impedida). Neste caso, a concentração de sólidos é muito elevada e passa a ocorrer dificuldade da saída de água em contracorrente, para possibilitar a sedimentação dos sólidos. Assim, a velocidade de sedimentação diminui ao longo da profundidade do decantador, sendo bastante baixa no fundo, onde a concentração de sólidos é muito elevada. Esse tipo de sedimentação predomina em decantadores secundários de processo de lodos ativados, alimentado pelo lodo concentrado do tanque de aeração. Neste caso, é nítida a ocorrência de interface lodo/líquido sobrenadante. Quando o lodo é colocado em proveta, o deslocamento dessa interface pode ser cronometrado ao longo do tempo e, por intermédio de interpretação gráfica, pode-se calcular a velocidade de sedimentação por zona (VSZ), importante para interpretar a condição operacional de um processo de lodos ativados.

A decantação constitui um sistema de operação unitária para remover material particulado, em função da diferença de peso específico entre as partículas sólidas e o líquido. Atua no tratamento primário, em que remove o material particulado suspenso, e no secundário emque remove os flocos biológicos ou coagulados.

A decantação primária exerce importante papel no processo de tratamento, aliviando as unidades subsequentes com cargas menores, e trazendo economia referente à utilização de coagulantes. Os decantadores são dimensionados em função das taxas de escoamento, conforme o tipo e as características do efluente. As taxas empregadas para efluentes são bem menores que as para o tratamento de água destinada ao abastecimento público. Decantadores primários são empregados em sistemas de lodos ativados convencionais, objetivando remover sólidos em suspensão sedimentáveis.

Os decantadores secundários também se empregam em sistemas de lodos ativados, colocados após a lagoa aerada. Existem vários tipos de decantadores, entre eles, os mecanizados, em que o lodo é removido mecanicamente por raspadores de fundo, comumente usados em médias e grandes estações; os decantadores não-mecanizados com remoção hidráulica do lodo, por meio de carga hidrostática, em profundidades não inferiores a 1,50 m.

O tempo de detenção depende do coagulante e das características do efluente; esse valor pode situar-se entre 1,5 e 3 horas; no caso de decantadores laminares, o tempo pode ser de 0,5 a 1 hora. O lodo é recolhido pelo fundo do decantador (Figura 4.8), direcionado a uma caixa que, se deverá situar ao lado dele.

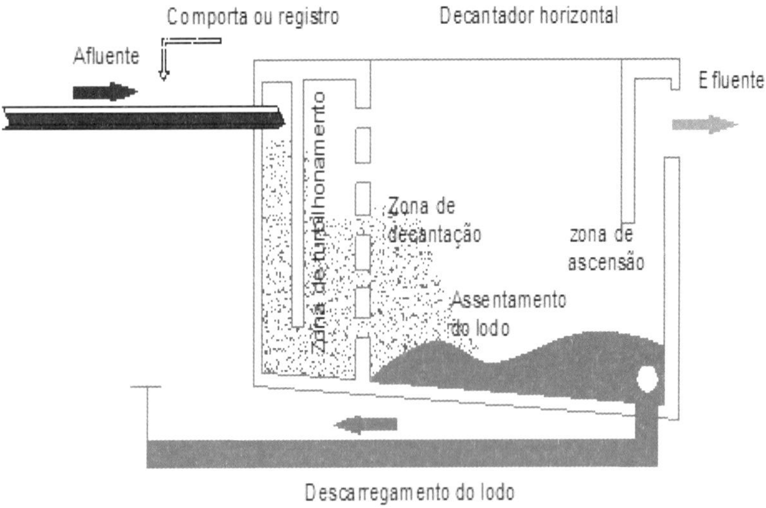

Figura 4.8. Decantador convencional utilizado em uma ETE

Objetivos

Remoção de material particulado suspenso nos decantadores primários, e de flocos biológicos mais finos em decantadores secundários, fundamentais em sistemas de lodo ativado, conforme veremos posteriormente. Em caso de disposição do efluente tratado no solo, como fertirrigação de culturas agrícolas, a sedimentação é, em alguns casos, suficiente, dependendo da qualidade requerida para, a aplicação nas culturas.

Tipos de decantadores

Existem, basicamente, dois tipos de decantadores de esgotos: os de seção retangular, de escoamento longitudinal, e os de seção circular, mais comumente alimentados pelo centro, fazendo-se a coleta do esgoto decantado nas bordas dos decantadores, ao longo da linha da circunferência. Existem também os decantadores circulares de alimentação periférica (VON SPERLING, 2005).

O decantador circular apresenta algumas vantagens em relação ao retangular, como menor custo de equipamentos e de manutenção. Entretanto dificulta a construção, mostrando-se vantajoso apenas para grandes vazões.

Alguns autores (Jordão e Pessoa, 1995) preconizam que, como decantadores primários, devem-se utilizar, preferivelmente, os de secção retangular, melhores para a assimilação das variações de vazão de esgotos. Como decantadores secundários, pode-se utilizar os de secção circular, pois, nessa situação, a vazão de alimentação varia menos; já os decantadores circulares são de implantação mais barata. Por isso, podem-se também empregar decantadores circulares como primários, atribuindo-lhes menor eficiência na remoção de DBO. Deverá fazer-se a análise econômica, para subsidiar a escolha do tipo de decantador a empregar em uma ETE. Os removedores mecanizados de lodo e a estrutura em concreto armado são os principais componentes de custo. Os raspadores mecanizados são equipamentos de custo elevado, tanto os rotativos, dos decantadores circulares, como, especialmente, os que são movidos por pontes rolantes que transladam ao longo do comprimento do decantador retangular (Figura 4.9). Os decantadores de secção circular são também favorecidos com relação aos custos da estrutura em concreto armado.

Figura 4.9. Dccantador primário retangular em operação.

Eficiência no tratamento

Para o esgoto doméstico, é possível a remoção de até 75% de sólidos sedimentáveis, de 50-70% sólidos em suspensão e 25-40% de DBO.

Manejo dos resíduos sólidos

O lodo agroindustrial deve ser retirado periodicamente e conduzido a digestores, caso os haja, e, posteriormente, a aterros sanitários, ou à disposição no solo, dependendo das características sanitárias. De grande importância é a realização de uma análise das características químicas e biológicas do lodo, para que tenha uma destinação ambientalmente segura.

Dimensionamento de decantadores convencionais

Em decantadores de sedimentação floculenta, a taxa de aplicação superficial deve ser de 15 a 35 $m^3\,m^2\,dia^{-1}$, de preferência menor que 25 $m^3\,m^{-2}\,dia^{-1}$. Para decantadores primários seguidos de decantação secundária, Metcalf & Eddy (1991) apresentam valores maiores (32 - 48 $m^3\,m^2\,dia^{-1}$); já para decantadores primários com retorno de lodo ativado (24 - 34 $m^3\,m^{-2}\,dia^{-1}$). Tais valores referem-se a sistemas de tratamento de esgotos domésticos; portanto, para águas residuárias agroindustriais, é recomendado que se utilizem valores referentes a taxas de aplicação de sólidos, mais adequados para a aplicação de águas com altas concentrações de material sólido. Dessa forma, a taxa de aplicação deverá situar-se na faixa de 3 a 6 $m^3\,m^{-2}\,dia^{-1}$ de sólidos suspensos. Embora sejam recomendados de 125 a 500 $m^3\,m^{-2}\,dia^{-1}$, o fluxo de efluentes na calha vertedora deve estar entre 140 e 189 $m^3\,m^{-2}\,dia^{-1}$.

A profundidade do tanque recomendada para decantadores retangulares, é de 2,0 a 2,5m, enquanto para circulares, de 2,0 a 3,0 metros.

O tempo de detenção hidráulica não pode ser muito longo, nem muito curto, pelo mesmo motivo já mencionado para caixas de areia; para esse sistema, deverá situar-se entre 1 e 3h, calculado pelas Equações 4.10 e 4.11.

$$T_a = Q/As \qquad (4.10)$$

$$T_{cv} = Q/L \qquad (4.11)$$

em que:

T_a- taxa de aplicação ($m^3\,m^2\,d^{-1}$);

T_{cv}- taxa na calha vertedora ($m^3\,m^{-1}\,d^{-1}$);

A_s – área superficial (m^2);

L- comprimento total do vertedor (m).

De acordo com a ABNT, norma NB 570:1990, dente outros, impõem-se os seguintes requisitos:

- a tubulação de remoção do lodo deve ser maior ou igual a 150 mm, com declividade mínima de 3 %;

- a profundidade da lâmina d'água no decantador deve ser maior ou igual a 2,0 metros, enquanto as dimensões para o decantador retangular devem ser: L: H =4:1; B: H $\geq$ 2:1 e L: B $\geq$ 2:1;

- para vazões maiores que 250 L s^{-1}, pode ser necessária a utilização de mais de um decantador.

4.3.2.2 Tanque Séptico

As fossas sépticas são unidades de tratamento primário de esgoto doméstico, nas quais se fazem a separação e a transformação físico-química da matéria sólida contida no esgoto. É uma maneira simples e barata de disposição dos esgotos, indicada sobretudo para a zona rural, ou para residências isoladas. Todavia o tratamento não é tão completo como o de uma Estação de Tratamento de Esgotos.

O esgoto *"in natura"* deve ser lançado em um tanque ou em uma fossa, para que, com o menor fluxo da água, a parte sólida se possa depositar, liberando a parte líquida. Uma vez feito isso bactérias anaeróbias agem sobre a parte sólida do esgoto, decompondo-o. Essa decomposição é importante, pois diminui, no esgoto residual, a quantidade de matéria orgânica, pois a fossa remove cerca de 40 % da DBO.

Devido à possibilidade da presença de organismos patogênicos, a parte sólida deve ser retirada, por meio de um caminhão limpa-fossas, e transportada para um aterro sanitário nas zonas urbanas, ou enterrada, no caso de zonas rurais.

No tratamento primário de esgoto doméstico, sobretudo nas zonas rurais, podem ser utilizadas as fossas sépticas, unidades nas quais são feitas a separação e a transformação da matéria sólida contida no esgoto.

O tamanho da fossa séptica depende do número de pessoas da moradia. Ela é dimensionada em função de um consumo médio de 200 litros de água por pessoa, por dia. Porém sua capacidade nunca deve ser inferior a mil litros.

Objetivos

Tratamento de efluente em nível preliminar e primário por processo de sedimentação, flutuação e digestão.

Aplicação

Primordialmente, aplica-se ao tratamento de águas residuárias domésticas; porém, pode ser utilizada para águas residuárias industriais biodegradáveis, em casos específicos, com efluentes cujas características se assemelham às dos esgotos domésticos.

OBS: despejos ricos em óleos e gorduras devem, obrigatoriamente, apresentar caixa de gordura anteriormente.

Tipos de tanque séptico

Existem basicamente três tipos de tanque séptico: com câmara única (Figura 4.10), com câmara sobreposta (Figura 4.11) e com câmara em série (Figura 4.12). A seguir descrevem-se os três tipos.

- Câmara única (apenas um compartimento). Na parte superior do tanque, ocorrem a retenção e a digestão da espuma formada, enquanto na parte inferior, ocorre o acúmulo e a digestão do lodo decantado;

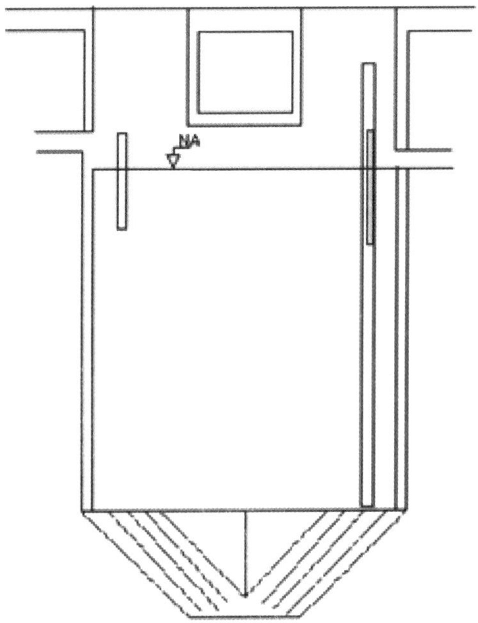

Figura 4.10. Corte de um tanque séptico cilíndrico de câmara única

- Tanques de câmara sobreposta tipo Imhoff (maior eficiência na digestão do lodo e na remoção da matéria orgânica). Os sólidos sedimentáveis passam, através de uma abertura, do compartimento superior para a câmara inferior. Esse sistema tem operação limitada, uma vez que foram melhorados, resultando nos reatores anaeróbios.

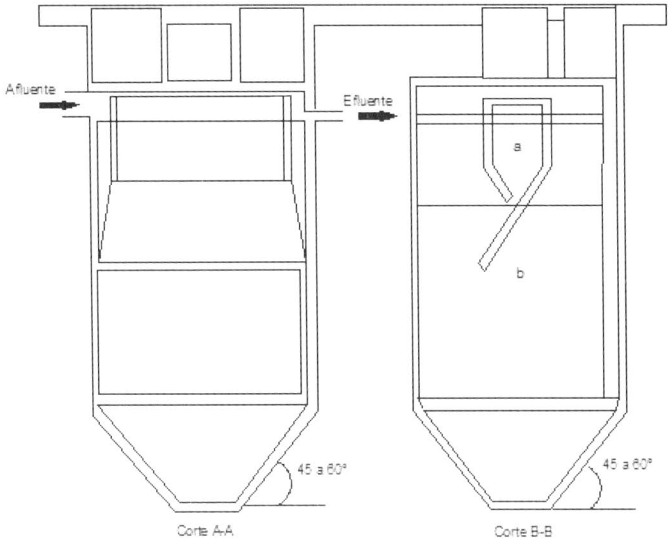

Figura 4.11. Esquema ilustrativo das vistas de um tanque tipo Imhoff com câmaras sobrepostas.

- Câmaras em série (duas ou mais câmaras interligadas, para reduzir a concentração de sólidos em suspensão). O sistema é preferível quando se requer baixa concentração de sólidos em suspensão. No primeiro compartimento, ocorrem a sedimentação, a digestão e o armazenamento do lodo, enquanto, no segundo, a sedimentação adicional. Esse sistema é mais eficiente na remoção de sólidos do que o de câmara única.

Figura 4.12. Tanque séptico de câmara em série

- Parâmetros de Dimensionamento:

O dimensionamento deve seguir a norma NBR 7229: 1993. O volume do tanque é dado pela Equação 4.12.

$$V = 1000 + N\,(C \times T + K \times L_f) \qquad (4.12)$$

em que:

V- volume útil do tanque (L);

1000- fator de segurança (L);

N-número de habitantes ou unidades de contribuição;

C- contribuição do despejo (L $hab.^{-1}$ dia^{-1} ou L $unid.^{-1}$ dia^{-1}), ver Tabela 4.4;

T- tempo de detenção hidráulica (dias), ver Tabela 4.5;

K- taxa de acúmulo de lodo digerido (adimensional), ver Tabela 4.6;

L_f- contribuição do lodo fresco (L $hab.^{-1}$ dia^{-1} ou L $unid.^{-1}dia^{-1}$), ver Tabela 4.4.

Destino do efluente

Se o efluente tratado não atinge condições para lançar-se em corpo receptor, de acordo com a legislação, deve receber tratamento subsequente. Um dos mais indicados, para esse tipo de efluente, é o que utiliza filtro anaeróbio.

Para o uso em culturas, deve-se ter cuidado em relação às características biológicas e de toxicidade, principalmente. Entretanto o efluente pode ser utilizado para dispor-se no solo, ou para a fertirrigação em culturas não consumidas cruas, devendo-se sempre estar atento às normas estabelecidas; além disso, deve-se tomar cuidado na aplicação, conforme já comentado.

Na Tabela 4.4, apresentam-se os valores de contribuição do despejo (C) e de contribuição do lodo fresco (Lf), para os diferentes tipos de unidade.

Tabela 4.4. Contribuição diária de esgoto (C) e de lodo fresco (Lf) por tipo de atividade, segundo ABNT-NBR 7229 (1993).

Atividade	**Unidade**	**C** **L unid.$^{-1}$**	**L_f** **dia^{-1}**
Ocupantes permanentes			
- residência	Pessoa	160	1,0
- padrão alto padrão médio	Pessoa	130	1,0
- padrão baixo	Pessoa	100	1,0
- hotel (exceto lavanderia e cozinha) - alojamento provisório	Pessoa	100	1,0
- residência	pessoa	80	1,0
Ocupantes temporários			
- Fábricas em geral	pessoa	70	0,3
- escritório	Pessoa	50	0,2
- edifícios públicos ou comerciais	Pessoa	50	0,2
- escolas (externatos) e locais de longa permanência	Pessoa	50	0,2
- bares	Pessoa	6	0,1
- restaurantes e similares	pessoa	25	0,1
- cinemas, teatros e locais de curta permanência	Lugar	2	0,02
- sanitários públicos	Bacia sanitária	480	4,0

Nas Tabelas 4.5 e 4.6, apresentam-se os valores de tempo de detenção hidráulica (T), em função da contribuição diária de efluente e a taxa de acúmulo de lodo digerido (K), em função do intervalo entre limpezas, respectivamente.

Tabela 4.5. Período de detenção dos despejos, por faixa de contribuição diária, segundo ABNT-NBR 7229 (1993)

Contribuição diária (L)	**Tempo de detenção (T)**	
	dias	**horas**
até 1500	1,00	24
1501 a 3000	0,92	22
3001 a 4500	0,83	20
4501 a 6000	0,75	18
6001 a 7500	0,67	16
7501 a 9000	0,58	14
mais que 9000	0,50	12

Tabela 4.6. Taxa de acumulação total de lodo (K), em dias, por intervalo entre limpezas e temperatura do mês mais frio, segundo ABNT-NBR 7229 (1993)

Intervalos entre limpezas (anos)	Valores de K por faixa de temperatura ambiente - t (°C)		
	t ≤ 10	10 ≤ t ≤20	t > 20
1	94	65	57
2	134	105	97
3	174	145	137
4	214	185	177
5	254	225	217

4.3.2.3 Filtro Anaeróbio

Os filtros anaeróbios (Figura 4.13) são tanques em formato cilíndrico, ou prismático, em seção quadrada, com fundo perfurado, preenchidos com material inerte poroso. Utiliza método físico e biológico para remover poluentes no tratamento de efluentes. Antes do filtro, é necessário realizar a decantação primária. Os filtros são muito importantes para tratar de efluentes líquidos de origem doméstica, como complementação da fossa séptica.

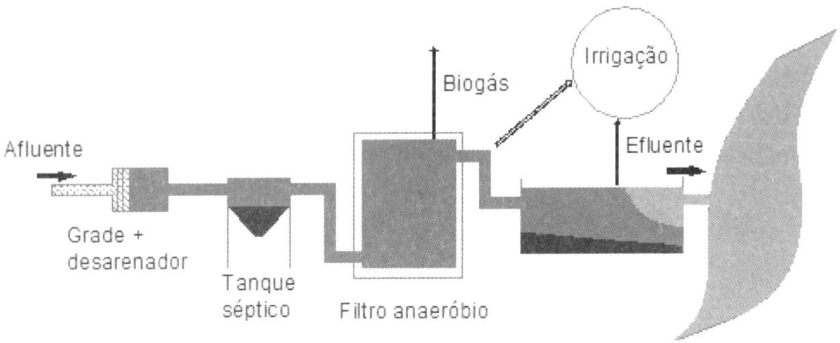

Figura 4.13. Sistema de tratamento utilizando tanque séptico, filtro anaeróbio e lagoa facultativa.

Objetivos

Tratamento de efluente em nível primário, por tanques preenchidos por material inerte em sistema anaeróbio, complementando o tratamento realizado nos tanques sépticos.

Aplicação

Normalmente utilizado no tratamento de águas residuárias domésticas, associado a um tanque séptico. Deve, preferivelmente, estar em uma cota inferior ao nível da água residuária do tanque séptico, com escoamento por gravidade.

Estabilização da DBO e fluxo do líquido

A DBO é estabilizada por bactérias aderidas a um meio suporte constituído por material inerte (geralmente brita nº4), dentro do reator. O fluxo do líquido ocorre no sentido ascendente no meio filtrante.

Destino do efluente

Quando se requer maior depuração, o efluente pode ser lançado em lagoa facultativa, pois o efluente do filtro apresenta aspecto desagradável, alta concentração de N, P e sólidos suspensos com condições inadequadas para lançamento em corpos receptores. Para o aproveitamento agrícola, pode ser lançado diretamente na lavoura, uma vez que o lodo já sai estabilizado, observadas as normas de aplicação, podendo ser por irrigação, observadas as culturas receptoras da água.

Vantagens do sistema tanque - filtro

Boa adaptação a diferentes tipos de concentração de águas residuárias; resistência à variação de carga orgânica.

Desvantagens

Dificuldade de satisfazer padrões de qualidade restritivos, exigindo tratamento com lagoa facultativa..

Parâmetros de Dimensionamento:

O dimensionamento deve seguir a norma NBR-13969 (ABNT, 1997), que modificou a NB-41(ABNT,1963). O volume do tanque é dado pela Equação 4.13.

$$V = 1{,}6 + N \times C \times T \qquad (4.13)$$

em que:

V- volume útil do tanque (L);

N - número de habitantes ou unidades de contribuição;

C- contribuição do despejo (L $hab.^{-1}$ dia^{-1} ou L $unid.^{-1}$ dia^{-1}), ver Tabela 4.4;

T- tempo de detenção hidráulica (d), ver Tabela 4.5.

4.3.2.4 Reatores Anaeróbios de Fluxo Ascendente (RAFA)

Uma alternativa para o tratamento anaeróbio de águas residuárias foi dada com a invenção dos reatores de leito fixo e do filtro anaeróbio de fluxo ascendente. Este reator, preenchido com brita, hoje se encontra consolidado no tratamento de efluentes de fossas sépticas, permitindo remoções de DBO superiores a 80%.

Outra descoberta, quase acidental, foi o fenômeno da granulação do lodo em reatores anaeróbios de fluxo ascendente sem enchimento, para suporte de microrganismos na forma de biofilme. Sob certas condições de distribuição dos esgotos à entrada (fundo) do reator e de velocidade ascensional, observou-se a formação de grânulos, às vezes apenas flocos, que, ao entrar em contato com a matéria orgânica, proporcionavam sua degradação devido à expressiva atividade biológica encerrada nas partículas do manto. O chamado reator anaeróbio de fluxo ascendente e manto de lodo (UASB – Upflow Anaerobic Sludge Blanket ou RAFA (Reator Anaeróbio de Fluxo Ascendente)) previa, adicionalmente, apenas a separação, a coleta e a queima do gás produzido, além de uma etapa de recuperação de grânulos na parte superior, externa e acima do coletor de gás, uma zona de sedimentação que permite maior clarificação dos efluentes do reator.

Hoje, reconhece-se, aqui no Brasil, que este reator é capaz de promover uma redução de DBO para cerca de 65%, com tempos de detenção dos esgotos de apenas oito horas. Este reator tem-se consolidado, em nosso mercado e no de muitos outros países, como pré-tratamento e digestor de lodo de outros processos biológicos e até físico-químicos.

Na Figura 4.14, apresenta-se o desenho esquemático de um reator UASB.

Na Figura 4.15, apresenta-se um sistema de tratamento envolvendo RAFA e lagoa anaeróbia.

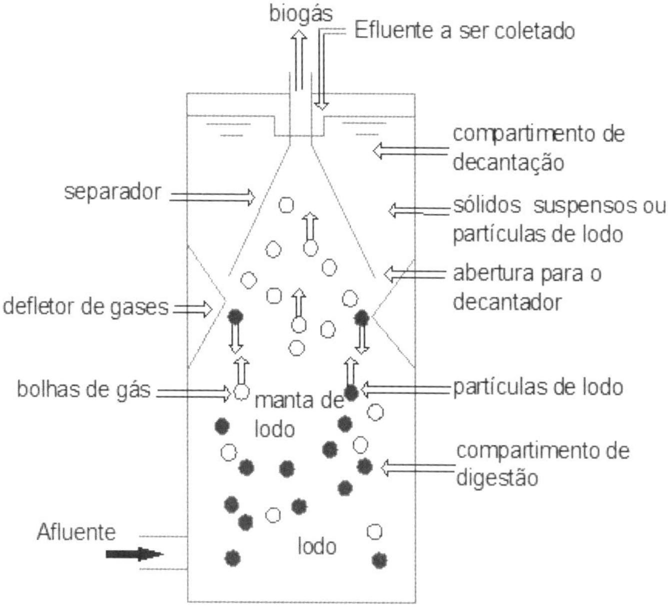

Figura 4.14. Desenho esquemático de um reator UASB

Na Figura 4.15, apresenta-se um sistema de tratamento, envolvendo RAFA e lagoa anaeróbia.

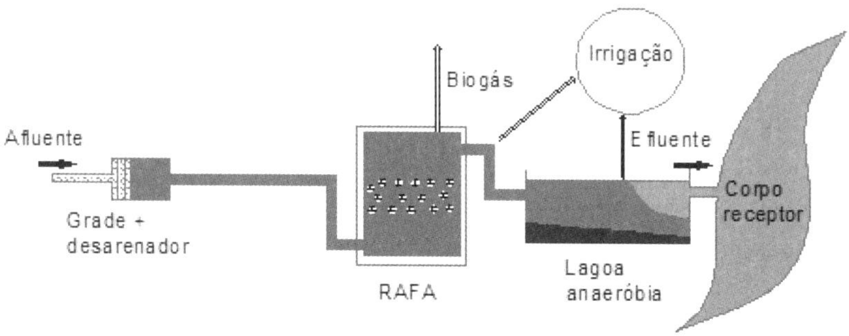

Figura 4.15. Esquema de um sistema de tratamento, envolvendo RAFA e lagoa anaeróbia.
Adaptado de Matos (2004)

Objetivos e constituição

Tratamento de efluente em nível primário, em que a biomassa cresce num meio disperso e não aderido a um meio suporte, como nos filtros anaeróbios

Formação de gases

Reações anaeróbias formam gases, principalmente metano e gás carbônico. O gás metano liberado pode ser aproveitado como fonte de energia, ou queimado, caso não seja viável.

Concentração de biomassa

A concentração de biomassa é bastante elevada, requerendo menor volume, quando comparado a outros sistemas de tratamento.

Destino do efluente

O efluente dispensa decantação primária e pode ser utilizado sem tratamento posterior, caso seja utilizado para disposição no solo. Para lançamento em corpos receptores, é necessário tratamento secundário como uso de lagoa facultativa, devido à alta concentração de N, P e ao aspecto desagradável, com maus odores.

Vantagens do sistema RAFA

- Baixo requisito de área;
- Estabilização do lodo no próprio reator;
- Baixa produção de lodo.

Desvantagens

- Sensível à variação de carga orgânica;
- Inicio lento no processo de tratamento.

Parâmetros para dimensionamento

Vazão de esgotos para projeto

Os reatores UASB são empregados à jusante apenas do tratamento preliminar, o que os torna desprotegidos das variações de vazão de esgotos, uma vez que os tempos de detenção utilizados são relativamente pequenos. Dessa forma, costuma recomendar-se que o reator apresente condições de atender à situação mais desfavorável, isto é, à vazão máxima horária de esgotos.

Tempo de detenção dos esgotos no reator

De acordo com os estudos da CETESB, tempos de detenção hidráulica da ordem de apenas 6 horas, com base na vazão máxima horária de esgotos, são suficientes para garantir eficiência média na remoção de DBO dos esgotos, em torno de 65%. Alguns autores sugerem a adoção de tempo de detenção hidráulica de 8 horas, com base na vazão média dos esgotos sanitários.

Taxa de aplicação de substrato

Como os esgotos sanitários são relativamente diluídos, os reatores UASB têm o seu limite de capacidade definido pela taxa de aplicação hidráulica, que resulta em determinada velocidade que poderá, ou não, ser suficiente para provocar o arraste de parte do manto de lodo, descontrolando o processo. No tratamento de efluentes industriais mais concentrados, os reatores UASB são limitados pela aplicação de matéria orgânica, em geral na faixa de 5 a 10 kg DQO/m^3. dia, embora tenham sido registradas taxas de até 20 kg/m^3.dia, com bons resultados no tratamento.

Velocidade de ascensão na zona de manto de lodo

A manutenção de determinada faixa de velocidade ascensional dos esgotos, ao longo do corpo do reator é importante para garantir o grau adequado de expansão da manta de lodo, sem que haja arraste excessivo para a zona de decantação. Recomenda-se a faixa de 0,7 a 1,0 m/h para reatores UASB, tratando esgoto sanitário.

Lodos bem granulados resistem ao arraste com velocidades de passagem de até 10 m/h. Mas, como ocorrem situações em que o lodo não granula, apenas flocula, na quais o reator deve manter boa eficiência na remoção de DQO, recomenda-se limitar a velocidade ascensional a 4 m/h.

Taxa de escoamento superficial na zona de decantação

A parte superior do reator UASB, externa ao "chapéu" coletor de gás, funciona como decantador, permitindo a recuperação de grânulos escapados da zona de manto de lodo. Recomendam-se taxas de escoamento superficial inferiores a 1,25 m^3/m^2. dia, para garantir o retorno de parte significativa do lodo para a zona de manto. A inclinação das abas do chapéu (ângulo com a horizontal) deverá ser superior a 55°.

Distribuição dos esgotos à entrada do reator

A distribuição dos esgotos à entrada do reator é fundamental para garantir o funcionamento integral da zona de manto de lodo, sem escoamentos preferenciais, ou curtos-circuitos, que possam reduzir o tempo de detenção e o contato dos esgotos com o lodo ativo. Recomendam-se, pelo menos, duas a três entradas por m^3 de fundo de reator. As extremidades dos tubos de alimentação deverão distar cerca de 30 cm do fundo do reator.

Produção de lodo nos reatores UASB

De acordo com os resultados dos estudos da CETESB, pode ser esperada uma produção de lodo de 0,2 kg SS / kg DQO aplicada.

Produção de gás

Ainda de acordo com os estudos da CETESB, deve ser esperada uma produção de 0,12 m^3 gás / kg DQO aplicada. O gás deverá possuir cerca de 65 a 75% de metano.

Caracterização dos efluentes

Os efluentes deverão ser caracterizados, principalmente, em termos de vazão e de concentrações de DQO, Nitrogênio Total Kjeldhal, Fósforo Total, pH e Temperatura Essas características deverão ser corrigidas, caso necessário. A presença de substâncias potencialmente inibidoras do tratamento deverá ser previamente investigada.

4.3.2.5 Tratamento por Filtração

Objetivos

Remoção de parte dos sólidos em suspensão (SS) e de bactérias do grupo coliforme, utilizando processos físicos, químicos e biológicos. Filtros orgânicos, também podem remover parte dos sólidos dissolvidos, também.

Finalidades

Minimizar a formação de lodo em águas ricas em material orgânico e facilitar as operações em sistemas de tratamento subsequente, que poderá ocorrer em tanques de decantação, lagoas anaeróbias ou lagoas facultativas visa-se também a evitar problemas de entupimentos em bombas, tubulações e emissores, no caso de aproveitamento agrícola com uso da fertirrigação.

Tipos de filtro

Quanto ao elemento filtrante

O material filtrante ideal deve proporcionar a maior eficiência na remoção de sólidos; no caso de águas ricas em material orgânico, deve apresentar facilidade de substituir e de disposição no meio ambiente. Para efluentes domésticos, pode–se utilizar tanto material orgânico quanto inorgânico. No caso da maioria das águas residuárias industriais, que contêm alta concentração de material orgânico, o material orgânico é a única opção.

Material inorgânico (quartzo, antracita, escória de alto forno, vidro moído etc.).

O material orgânico deve ser preferencialmente subproduto de agroindústrias (restos de sabugo, casca de arroz, casca de frutos de café, bagaço de cana de açúcar etc.).

Forma de operar

Podem ser operados de forma intermitente (filtros com operação em batelada), ou contínua (filtros em operação por vários dias sem interrupção).

Velocidade de filtragem

Podem ser classificados como rápidos, recomendados para águas com baixa turbidez (menos que 10 UNT), condição pouco comum em águas residuárias de agroindústrias, ou lentos, mais adequados às águas ricas em sólidos em suspensão

Direção do fluxo

Pode ser descendente, ascendente ou lateral. Para o tratamento de águas ricas em sólidos em suspensão, torna-se mais adequado operar em fluxo descendente, tendo em vista a rápida colmatação da primeira camada.

Parâmetros de Dimensionamento

- Diâmetro das partículas do material filtrante: diâmetros grandes reduzem a perda de carga; em contrapartida, a eficiência na remoção de sólidos em suspensão é menor e as colunas de filtragem devem ser maiores. A maior proximidade das partículas possibilita o aumento na eficiência do tratamento. Em filtros rápidos, o diâmetro efetivo das partículas deve ficar entre 0,45 e 0,55mm; já em filtros lentos, entre 0,25 e 0,35mm. Define-se como diâmetro efetivo aquele em que a malha da peneira permite a passagem de, no máximo, 10% (em peso) do material filtrante;

- Taxa de aplicação: taxas altas podem reduzir a eficiência na remoção de poluentes e tender a carrear sólidos retidos no material filtrante. Em filtros rápidos, a aplicação pode ser de 120 a 1200 md^{-1}, sendo bastante utilizada a de 240 a 360 md^{-1}. Em filtros lentos, a aplicação é bem mais baixa, devendo manter-se da ordem de 3 a 6 md^{-1}. Para o esgoto doméstico, recomendam-se 5md^{-1} com intervalos de 4 dias, em operação contínua. Para fluxos intermitentes a taxa deverá ser ainda menor, entre 0,07 e 0,25 md^{-1}, podendo realizar-se duas aplicações por dia;

- Altura da coluna filtrante: quanto maior o espaço entre as partículas do material filtrante, maior a altura. Em filtros rápidos a coluna filtrante deve ficar entre 60 e 70 cm, em filtros lentos, entre 30 e 120 cm;

- Substituição do elemento filtrante: realiza-se a troca de material do elemento filtrante, que deve ser destinado a aterros, ou a compostagem, no caso de material orgânico, caso possível. Em caso de filtros de areia, o material tem sido disposto no solo, tomando-se os cuidados referentes ao meio ambiente, ou em aterros sanitários.

Destino do efluente

Pode ser utilizado em irrigação, com aplicação localizada. Neste caso, é necessário que se meçam a concentração de sólidos suspensos e a DBO. Concentrações de sólidos suspensos acima de 50 mg L^{-1} são consideradas como altamente propícias a entupimentos de gotejadores. Entretanto, para a irrigação por microaspersão, esse valor pode não ser problemático, dependendo do diâmetro dos emissores. Em geral, os emissores não devem apresentar diâmetros maiores que 10% do diâmetro das partículas sólidas da água, impondo-se esse parâmetro como requisito de projeto.

4.4 Tratamento Secundário

As águas residuárias agroindustriais geralmente apresentam elevadas concentrações de material orgânico biodegradável; portanto têm maior aptidão para o tratamento biológico, utilizado para obter maior eficiência na remoção do material orgânico.

Enquanto, nos tratamentos preliminar e primário, predominam mecanismos de ordem física, no secundário, a remoção do material orgânico decorre, predominantemente, de transformações bioquímicas, proporcionadas pelos microrganismos . Uma grande variedade de microrganismos pode tomar parte desse processo: bactérias, protozoários, fungos etc.

A base de todo o processo biológico é o contato efetivo entre esses organismos e o material orgânico contido nas águas residuárias, de tal forma que este possa ser utilizado como alimento pelos microrganismos aeróbios e anaeróbios.

A decomposição anaeróbia, por sua vez, tem sido o processo mais indicado para tratar águas residuárias de elevada carga orgânica. A decomposição aeróbia é um processo essencialmente inodoro, que possibilita a maior destruição de organismos patogênicos, proporcionando grande redução nas características poluidoras das águas residuárias.

O tratamento secundário, geralmente, requer que a água tenha recebido tratamento preliminar; entretanto pode, ou não, ser antecedido pelo tratamento primário.

Objetivo

Remoção de material orgânico fino em suspensão, não removido no tratamento primário, ou preliminar (DBO em suspensão), decorrente das transformações bioquímicas produzidas pelos microrganismos (bactérias, fungos, protozoários, helmintos, vírus) que se alimentam desse material orgânico na forma de sólidos dissolvidos (DBO solúvel) e, eventualmente, de nutrientes, como N e P.

Microrganismos aeróbicos: convertem o material orgânico em gás carbônico, água, nitrato (NO3-), sulfatos (SO42-) e outros

Microrganismos anaeróbios: convertem o material orgânico em gás carbônico, metano, sulfeto de hidrogênio, amônia.

Mecanismos mais utilizados: filtros biológicos, tratamento anaeróbio, lagoas de estabilização, lodo ativado, tratamento por disposição no solo.

Eficiência

A eficiência depende do sistema utilizado e dos detalhes no tratamento. Podem-se considerar as fases preliminar, ou primária, e secundária; a remoção de DBO e bactérias coliformes deve alcançar de 60 a 99%.

Indicação

Um dos grandes problemas relacionados ao tratamento de águas residuárias repousa no mau cheiro causado durante o processo de decomposição e de morte dos microrganismos. Para águas com alta concentração de material orgânico, o tratamento anaeróbio é o mais indicado. Entretanto a decomposição aeróbica é um processo inodoro, que possibilita maior degradação dos organismos patogênicos. Ver Figura 4.16.

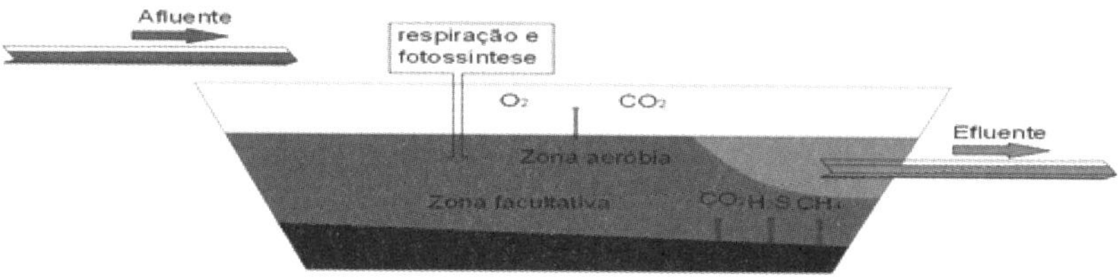

Figura 4.16. Esquema ilustrativo do tratamento biológico em lagoas facultativas.

4.4.1 Lagoas de Estabilização

Na Figura 4.17, apresentam-se lagoas de estabilização em operação utilizadas em sistemas de tratamento de efluentes de frigorífico.

Figura 4.17. Lagoas de estabilização em operação

As lagoas de estabilização são tanques (Figura 7.17), construídos em terra, de forma a receber os esgotos continuamente, garantindo-lhes elevados tempos de retenção e propiciando mecanismos naturais para degradar a matéria orgânica e para reduzir a concentração de microrganismos. Podem ser escavadas no solo com o fundo e os lados cobertos por lona butílica, ou alvenaria, para evitar a infiltração e a contaminação do meio ambiente. Considerando o processo de redução dos poluentes, tem-se lagoa do tipo anaeróbia, facultativa, anaeróbia-facultativa e aerada e de maturação.

4.4.1.1 Lagoas Anaeróbias

As lagoas anaeróbias (Figura 4.18) são escavações mais profundas, com altura útil variando na faixa de 3 a 5 metros, e que retêm os esgotos durante 4 a 6 dias, obtendo-se a digestão e a sedimentação do material orgânico. Nessas condições, garante-se a anaerobiose, uma vez que a penetração de luz e a sobrevivência de algas ocorrem de forma bastante limitada, apenas numa estreita camada superficial. Por outro lado, com a aplicação de matéria orgânica, provoca-se o rápido esgotamento do oxigênio que, por ventura, esteja presente nos esgotos afluentes. A matéria orgânica é convertida, primeiramente, por bactérias facultativas, a ácidos voláteis, como o ácido acético, e, depois, é definitivamente oxidada a metano e, a gás carbônico por bactérias anaeróbias estritas.

Para as condições atmosféricas brasileiras, principalmente as relacionadas à temperatura e à luminosidade, obtêm-se eficiências na remoção da DBO dos esgotos, da ordem de 40 a 60 %. O tratamento do efluente ocorre no nível primário e utiliza o método biológico, aliviando a carga orgânica para a etapa seguinte de tratamento, que pode ser, por exemplo, uma lagoa facultativa.

Na Figura 4.18, apresenta-se um sistema com lagoa anaeróbia em operação, para tratamento de efluentes.

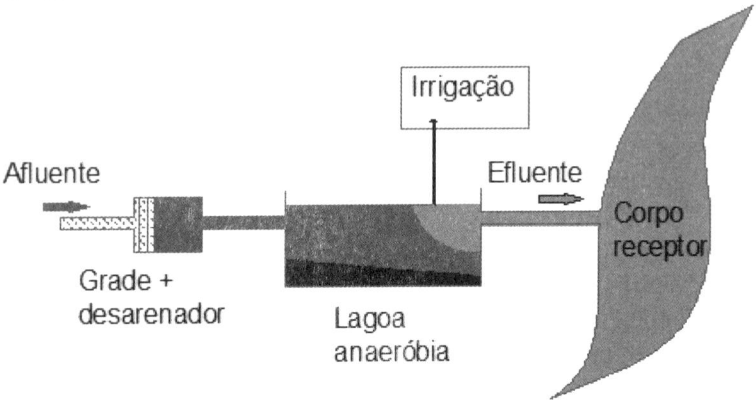

Figura 4.18. Sistema de tratamento com lagoa anaeróbia em atividade

Objetivos básicos

Tratamento, em nível primário, de águas residuárias domésticas, agroindustriais e industriais, visando a remover parte dos poluentes.

Finalidades

Remover material flutuante e sedimentável, além de degradar parcialmente o material orgânico em suspensão e dissolvido.

Princípio do processo

Quando o oxigênio disponível no meio é pouco, ou inexistente, como ocorre em lagoas com profundidades maiores, os microrganismos anaeróbios são capazes de degradar, parcialmente, o material orgânico dissolvido e em suspensão. O princípio do processo é ilustrado na Figura 4.19.

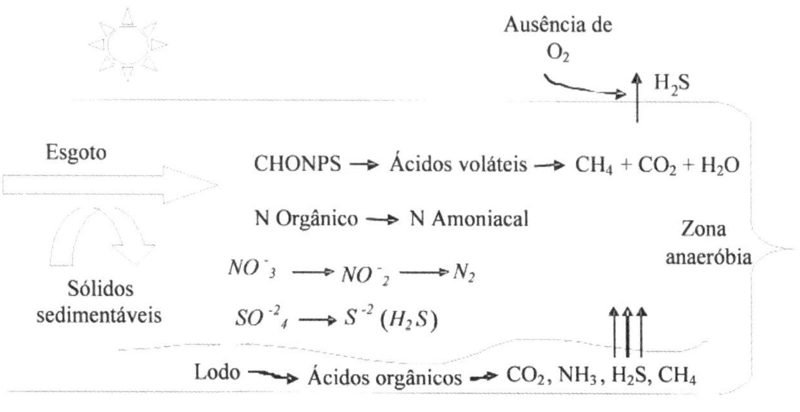

Figura 4.19. Transformações bioquímicas em lagoas anaeróbias

Destino do efluente

O efluente pode ser utilizado para disposição no solo, dependendo das culturas e da qualidade do efluente. No entanto, não apresenta características adequadas para o lançamento direto no corpo hídrico, já que possui aspecto desagradável. Para o uso em irrigação que exige qualidade mais nobres do efluente, é necessário realizar tratamento posterior. Geralmente, as lagoas anaeróbias são associadas a lagoas facultativas, o que, em muitos casos, possibilita a aplicação em algumas culturas não consumidas cruas, e perenes, bem como o lançamento em corpo hídrico.

Manejo do sistema

As lagoas anaeróbias devem ser limpas sempre que o lodo atingir aproximadamente, a metade da altura útil. O lodo deve ser encaminhado para secagem e, posteriormente, para um aterro sanitário, ou para o uso agrícola.

Parâmetros de Dimensionamento

Uma lagoa anaeróbia, criteriosamente projetada, pode operar livre de maus odores, oferecendo a redução de DBO na faixa de 50 até 70%.

O dimensionamento baseia-se no tempo de detenção e/ou na taxa de aplicação volumétrica de DBO. O tempo de detenção hidráulica (T_d) pode ser dado pela relação entre o volume dividido pela vazão, devendo ser de 3 a 6 dias, para águas residuárias domésticas, e de 5 a 50 dias, para águas residuárias agroindustriais. A taxa de aplicação do afluente deve estar entre 0,1 e 0,4 Kg m^{-3} dia^{-1} de DBO. Valores baixos causam dificuldade para manter a anaerobiose e valores altos podem causar maus odores pelo acúmulo de ácidos. A profundidade deve ser suficiente para manter as condições anaeróbias, recomendando-se de 3 a 5 metros. A relação comprimento/largura pode ficar na faixa de 1 a 3.

O volume é dado pela Equação 4.14.

$$V = L / L_v \qquad (4.14)$$

em que:

L = carga de DBO afluente (Kg DBO dia^{-1});

L_v = taxa de aplicação volumétrica (kg DBO m^{-3} d^{-1});

V = volume requerido para a lagoa (m^3).

Para o cálculo da concentração efluente (DBO_{efl}) da lagoa anaeróbia, uma vez estimada a eficiência da remoção (E), estima-se a concentração efluente, utilizando-se as Equações 4.15; 4.16 e 4.17.

$$E = (S_0 - DBO_{efl}) \times 100/S_0 \quad (4.15)$$

$$DBO_{efl} = S_0(1 - E/100) \quad (4.16)$$

$$L = L_O\,(100\text{-}E)/100 \quad (4.17)$$

em que:

S_0=concentração de DBO total efluente (mg L^{-1});

DBO_{efl}=concentração de DBO total efluente(mg L^{-1});

E= eficiência de remoção(%).

Exemplo de Dimensionamento

Dimensionar uma lagoa anaeróbia para os seguintes dados:

População: 20.000 hab.;

Vazão afluente: 3.000 m^3 dia^{-1};

DBO_{afl} : 350 mg L^{-1};

Temperatura: T=23°C;

L_v = 0,15kg DBO dia^{-1}; e,

Eficiência de remoção de DBO desejada: 60%.

Solução

Cálculo da carga de DBO

Carga de DBO: L= Q x conc. = 3000m^3/d x 0,350 Kg/m^3 = 1050kg dia^{-1}

Cálculo do volume requerido

V=L /L_v : V= 1050kg dia^{-1}/0,15kg DBO dia^{-1} = 7000m^3

Verificação do tempo de detenção hidráulico

Td = V/ Q= 7000m^3 / 3000 m^3 dia^{-1} = 2,3 dias

Obs: *lagoas com esse baixo tempo de detenção devem ter sua entrada pelo fundo*

Cálculo da área média da lagoa

Profundidade adotada: 4,5m

Área média: $A_m = V/h$, em que:

V = volume da lagoa e;

h = profundidade.

$A_m = 7000\ m^3/4,5m = 1.556m^2$

Vamos adotar 2 lagoas

Área de cada lagoa = $1.556m^2/2 = 778m^2$

Possíveis dimensões de cada lagoa

Caso sejam adotadas 2 lagoas em paralelo, e uma relação comprimento/largura(L/B) igual a 2,5 em cada lagoa, ter-se-ão:

Área de cada lagoa = $1.556m^2/2 = 778m^2$

$A=B.L = (2,5.B).B = 2,5.B^2$

$778m^2 = 2,5.B^2$

B = 18 m

A=B.L; e, 778 = 18.L

L = 43m

Possível dimensões de cada lagoa: 43 x 18m

Cálculo da concentração de DBO efluente

Eficiência de remoção de DBO desejada de 60%

$DBO_{efl} = S_0(1 - E/100)$

$DBO_{efl} = 350(1 - 60/100)$

$DBO_{efl} = 140\ mg\ L^{-1}$

O efluente da lagoa anaeróbia é o afluente da lagoa facultativa.

4.4.1.2 Lagoas Facultativas

As lagoas facultativas (Figura 4.20) fazem parte do tratamento secundário de efluente, onde ocorre a conversão do material orgânico biodegradável por bactérias facultativas. São escavações mais rasas, com profundidades típicas na faixa de 1,5 a 2,0 m e áreas de espelho de água relativamente maiores do que as das anaeróbias. Os sólidos sedimentáveis, presentes nos esgotos, depositam-se no fundo das lagoas facultativas, entrando em decomposição anaeróbia. A matéria orgânica solúvel mantém-se na massa líquida, sofrendo decomposição aeróbia pela ação de microrganismos heterotróficos, que aproveitam o oxigênio liberado pela fotossíntese de algas, bem como o decorrente da ventilação superficial. O gás carbônico resultante da decomposição da matéria orgânica é utilizado como matéria-prima para o processo fotossintético, fechando o ciclo da simbiose que caracteriza o processo.

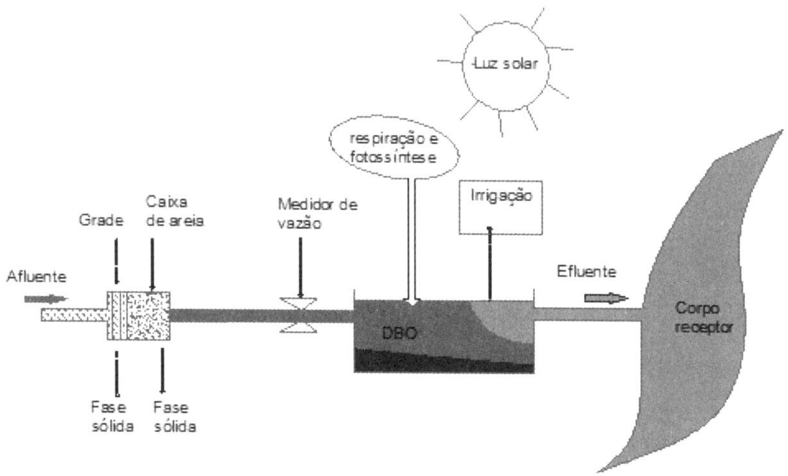

Figura 4.20. Esquema ilustrativo do sistema por lagoa facultativa

Finalidades

Estabilizar o material orgânico contido nas águas residuárias. A estabilização da DBO solúvel é realizada por bactérias dispersas no meio líquido, utilizando as bactérias aeróbicas o oxigênio fornecido pela fotossíntese das algas. A estabilização do material orgânico sedimentado é realizada por bactérias anaeróbias e facultativas.

Princípio do processo

Durante o percurso da água residuária, o material orgânico tende a sedimentar-se constituindo o lodo no fundo. Esse lodo é decomposto por bactérias anaeróbias, sendo convertendo-se em gás carbônico, água e metano, restando, no fundo dos lagos, apenas a fração não biodegradável.

O material orgânico dissolvido, juntamente com o material orgânico, em suspensão, de pequenas dimensões (DBO solúvel e DBO finamente particulada, respectivamente), é decomposto por microrganismos facultativos, fornecendo-se o oxigênio necessário aos anaeróbios, pela fotossíntese realizada pelas algas, conforme ilustrado na Figura 4.21.

Grupos diferenciados de bactérias participam da estabilização do material orgânico, que se processa em taxas mais lentas em lagoas facultativas (maior que 20 dias). Quanto maior a área exposta, mais efetiva é a fotossíntese (maior aproveitamento da energia solar); por isso, lagoas facultativas requerem maiores áreas durante o processo de tratamento da água. Por outro lado, por ser um processo natural e simples de operar, seu emprego é muito importante em países em desenvolvimento.

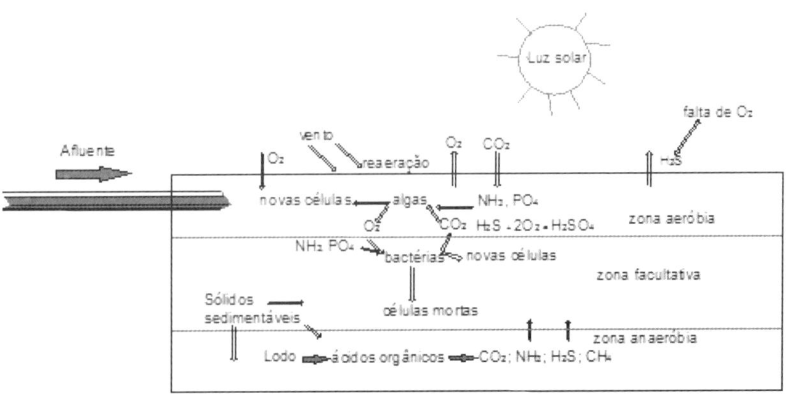

Figura 4.21. Transformações bioquímicas em lagoas facultativas

Destino do efluente

Caso o efluente não esteja adequado à norma para o lançamento, pode-se inserir uma lagoa de maturação ou aeróbica, que possibilita a melhoria na qualidade do efluente, reduzindo os patógenos. Águas residuárias de suinocultura podem ser utilizadas em culturas como capineira, aplicadas por irrigação de superfície; entretanto é totalmente indispensável que se monitorem as características químicas e biológicas do efluente, antes de seu lançamento, via irrigação, e que se observem as normas estabelecidas pela resolução do CONAMA nº 357/2005.

Manejo das lagoas

Ao se acompanhar a coloração do líquido na lagoa, é possível ter ideia de como vem ocorrendo a degradação. Cor verde escuro e turbidez baixa sinalizam boas atividades. Cor acinzentada indica sobrecarga de material orgânico, devendo-se reduzir a taxa de aplicação da água residuária. Se o líquido estiver com baixa turbidez e a cor for amarelada, é sinal de baixa concentração de nutrientes, podendo-se aumentar a taxa de aplicação da água residuária.

Vantagens e desvantagens

Como vantagens, podem ser citadas: resistência à variação de carga orgânica; eficiência na remoção de DBO e de agentes patogênicos; baixo custo de operação, de manutenção e de implantação.

Como desvantagens, citam-se: necessidade de grandes áreas, desempenho variável com o clima e possibilidade de desenvolvimento de insetos.

Eficiência do Sistema

Até as lagoas facultativas, os sistemas apresentam eficiências na remoção de DBO ligeiramente superiores a 80%, com DBO dos efluentes inferiores a 60 mg L^{-1}. A eficiência típica na remoção de coliformes fecais é de 99%, em efluentes com concentrações da ordem de 10^5 CF (100 mL^{-1}). A concentração de nitrogênio amoniacal pode ser superior a de 10 a 15 mg L^{-1}, enquanto a de fósforo total, superior a 3 mg L^{-1}. Devido aos tempos de retenção elevados o processo é bioquimicamente estável; porém os efluentes das lagoas facultativas sofrem variações de qualidade, devido às mudanças na direção dos ventos, o que traz consequências sobre o acúmulo de algas na região da saída da lagoa.

Critérios construtivos

Já se propuseram muitas formulações, na literatura, para o dimensionamento de lagoas. Porém, muitas são experimentais e provenientes de regiões diferentes, como os Estados Unidos, a Austrália e a África do Sul. Tais fórmulas remetem a resultados diferentes, sendo preferível usar critérios de base local.

No Brasil, a CETESB desenvolveu uma adaptação da fórmula de Mc Garry & Pescod (1970), a partir de levantamentos de sistemas de lagoas existentes no Estado de São Paulo, chegando a relações específicas para lagoas facultativas, primárias e secundárias.

Dimensionamento de lagoas facultativas primárias

Taxa de aplicação superficial limite de DBO (λ_L)

A taxa de aplicação superficial limite de DBO pode ser calculada pela Equação 4.18, conforme Arthur (1983).

$$\lambda_L = 20 \times T - 60 \quad (4.18)$$

em que:

T - temperatura média do ar do mês mais frio do ano (°C);

λ_L - taxa de aplicação superficial limite de DBO (kg DBO ha^{-1} dia^{-1}).

Profundidade e área da lagoa

A profundidade típica das lagoas facultativas primárias é de 1,80 m, podendo-se acrescentar um rebaixo de 0,5 m no quarto inicial do comprimento, para o acúmulo de lodo, uma vez que, nesse arranjo, não se incluem lagoas anaeróbias à montante.

A relação comprimento/largura varia, normalmente, na faixa de 3/1 a 5/1, embora esses limites possam ser ultrapassados.

A área da lagoa facultativa é função de λ_L, vazão média a ser tratada, e concentração média de DBO do esgoto bruto afluente. O cálculo da área da lagoa é feito de maneira simples, conforme indicado por Mara et al. (1992), expresso pela Equação 4.19.

$$A= 10.\ Q.\ L / \lambda_L \quad (4.19)$$

em que:
A = área da lagoa facultativa primária (m^2);
L = DBO média do esgoto bruto ($g\ m^{-3}$);
Q = vazão média do esgoto bruto ($m^3\ dia^{-1}$).

Tempo de detenção hidráulica (Td)

Procura-se determinar para a detenção da água residuária, um tempo suficiente para que ocorra a degradação biológica do material orgânico em solução, e de pequenas dimensões, pelas bactérias aeróbias e facultativas. Assim, o tempo de detenção hidráulica é dado pela Equação 4.20.

$$Q= V/T_d$$

$$T_d =V / Q$$
(4.20)

em que:

T_d – tempo de detenção (d);

V- volume requerido para a lagoa (m^3);

Q- vazão afluente à lagoa ($m^3 d^{-1}$).

Equação empírica para cálculo da taxa de DBO a remover

Mayo (1996) desenvolveu uma equação empírica que determina a taxa de DBO removida, em função do tempo de detenção hidráulica, e a taxa de DBO afluente, conforme a Equação 4.21.

$$L_T= T_d(0,062 \times L - 1,6) \quad \text{ou} \quad T_d = L_T / (0,062 \times L - 1,6) \quad (4.21)$$

em que:

L_T - taxa de DBO removida (kg $ha^{-1}dia^{-1}$);

L - taxa de DBO do afluente(kg ha^{-1} dia^{-1}).

Dimensionamento de lagoas facultativas secundárias

As lagoas facultativas secundárias apresentam profundidade menor, considerando-se,como valor típico, 1,50 m.

Taxa de aplicação superficial limite de DBO (λ_L) - Equação 4.22.

$$\lambda_L = 14 \times T - 40 \qquad (4.22)$$

em que:

T - temperatura média do ar do mês mais frio do ano (ºC).

O cálculo da área superficial é semelhante ao apresentado para lagoas facultativas primárias..

4.4.1.3 Lagoas Anaeróbias - Lagoas Facultativas

As finalidades dessa associação ocorrem pelo fato de que, em lagoas anaeróbias, o material decomposto ainda é passível de decomposição, ciclo que se complementa em condições aeróbicas. Esse sistema objetiva aumentar a eficiência na decomposição do material orgânico.

Princípio do processo

A água residuária bruta entra em uma primeira lagoa de dimensões menores e mais profundas (de 3 a 5 metros), como recomendado, reduzindo a penetração da luz e a produção de algas fotossintetizantes, privilegiando reações anaeróbias.

Em períodos curtos, em caso de água residuária industrial, de 3 a 5 dias, a decomposição do material orgânico é parcial com DBO atingindo de 50 a 60%, reduzindo-se a carga a tratar na lagoa facultativa à jusante, que terá dimensões menores em relação às lagoas para tratamento apenas facultativas; geralmente, dois terços da área com sistema facultativo são suficientes para o sistema anaeróbio facultativo.

Vantagens em relação à lagoa facultativa

- eficiência ligeiramente superior;
- menor requisito de área;
- mais eficiência na remoção de patógenos e de DBO.

Na Figura 4.22, ilustra-se a associação lagoa anaeróbia-facultativa para o tratamento de efluentes líquidos.

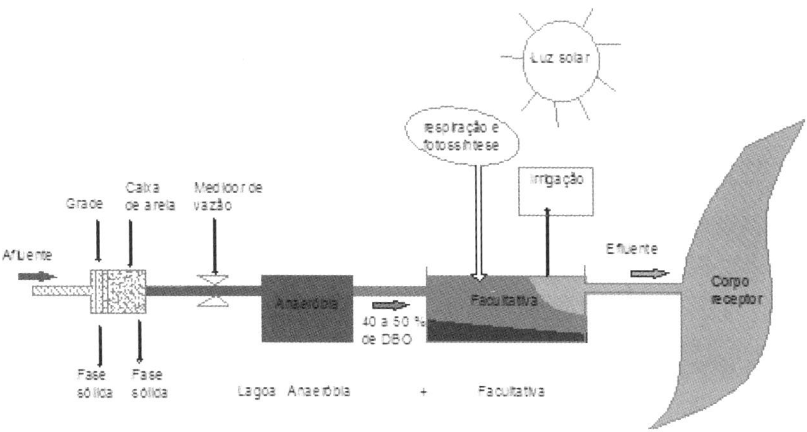

Figura 4.22. Esquema ilustrativo do tratamento de efluentes por lagoa anaeróbia, associada a lagoa facultativa

4.4.1.4 Lagoas Aeradas

Em casos de minarem-se lagoas de estabilização com dimensões menores, em que a redução de DBO ocorra mais rapidamente até o nível necessário, utilizam-se aeradores mecânicos para fornecer oxigênio ao meio líquido. Assim, a fonte principal de oxigênio para as bactérias aeróbias degradarem o material orgânico, passa a ser a incorporação de oxigênio ao líquido pelos aeradores e não pela fotossíntese das algas. Os aeradores artificiais promovem turbilhonamento, introduzindo oxigênio na água, o qual se distribui, passando a oxigênio dissolvido (OD). Com isso, a penetração de oxigênio na água é mais rápida, implicando a decomposição também mais rápida e reduzindo a área de instalação. Para que o oxigênio não seja limitante, sua concentração na lagoa aerada deve ser de 1 a 2 mg L^{-1}. Com a aeração consegue-se reduzir o tempo de detenção da água residuária e, consequentemente, a necessidade de área. A Figura 4.23 ilustra o funcionamento de sistema de aeração mecânica em lagoas.

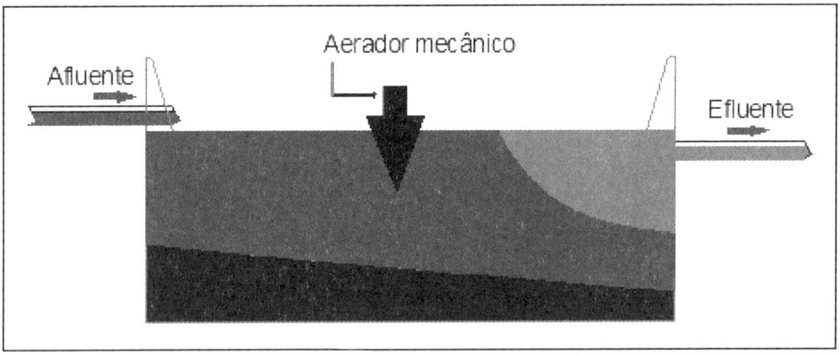

a

b

Figura 4.23 (a, b). Esquema de funcionamento (a) e tanque de aeração com aeradores superficiais de baixa rotação (b)

As lagoas aeradas podem ser divididas em aerada-facultativa e aerada de mistura completa-lagoa de decantação.

4.4.1.4.1 Lagoa aerada facultativa

Princípio do processo

O turbilhonamento no líquido não propicia mistura de bactérias e sólidos. Assim, os sólidos sedimentam e constituem o lodo decomposto anaerobiamente, enquanto a DBO fina suspensa é decomposta aerobicamente. O comportamento da lagoa ocorre como descrito para lagoa facultativa convencional, com a vantagem se a lagoa for aerada. Veja Figura 4.24.

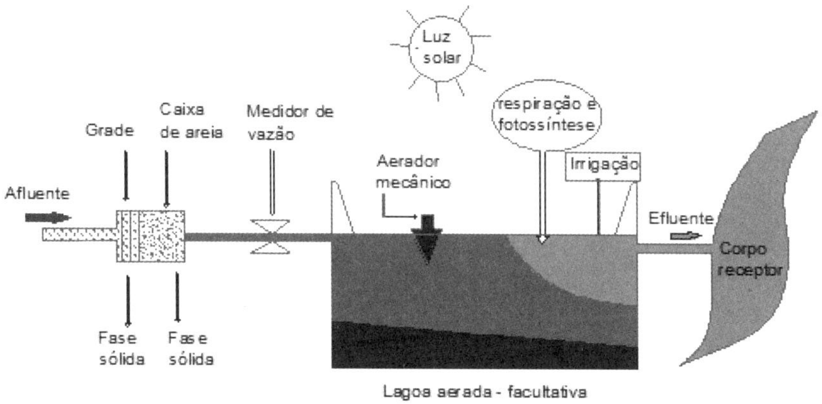

Figura 4.24. Esquema ilustrativo do sistema de lagoa aerada-facultativa.

4.4.1.4.2 Lagoa aerada de mistura completa-lagoa de decantação

Princípio do processo

O turbilhonamento é suficiente para manter o material orgânico e a biomassa microbiana dispersos no meio líquido, ou em mistura completa, produzindo-se a maior concentração de bactérias e a interação entre elas e o meio orgânico. A remoção de DBO é mais rápida, podendo reduzir o volume da lagoa, comparável ao sistema lagoa aerada facultativa. No entanto o efluente conterá grande concentração de bactérias, necessitando-se de uma lagoa de decantação, caso se pretenda lançar o efluente no corpo hídrico (Figura 4.25).

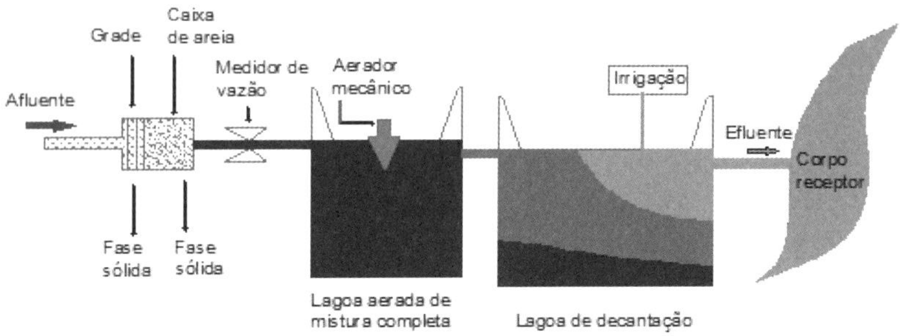

Figura 4.25. Esquema ilustrativo do sistema de lagoa aerada de mistura completa-lagoa de decantação.

Manejo em lagoas aeradas

O tempo de permanência do líquido proveniente de esgoto doméstico é de 2 a 4 dias, na lagoa aerada, e de 2 dias, na de decantação. O lodo deve ser retirado após a decomposição. O lodo formado nas lagoas de decantação pode ser removido após alguns anos.

Vantagens das lagoas aeradas

Podem ser destacadas as seguintes vantagens:

- Construção relativamente simples;
- Menor área em relação a todos os sistemas de lagoas de estabilização;
- Reduzida possibilidade de odores;
- Maior independência das condições climáticas.

Desvantagens

Podem ser destacadas as seguintes desvantagens:

- Introdução de equipamentos e sofisticação;
- Requisitos de energia elevados;
- Remoção contínua do lodo, no caso de lagoas de mistura completa mais decantação;
- Maiores complicações em termos de operação e de manutenção, em comparação com as lagoas facultativas convencionais.

Parâmetros de projeto da lagoa aerada - facultativa

O dimensionamento é semelhante ao realizado para lagoas facultativas convencionais, com exceção de que a área superficial da lagoa não é mais tão importante, uma vez que a oxigenação do meio não é função da fotossíntese.

Os parâmetros importantes para o dimensionamento são:

Tempo de detenção hidráulica

Para o tratamento de águas residuárias domésticas, deve ser de 5 a 10 dias. No caso de águas residuárias de maior carga orgânica, como no caso das águas residuárias agroindustriais esse tempo pode ser diferente.

Profundidade

Lagoas aeradas facultativas podem ter profundidade maior que as facultativas convencionais, uma vez que o oxigênio dissolvido, necessário para a oxidação biológica do material orgânico, é fornecido por aeradores, não dependendo da oxigenação provinda da fotossíntese das algas. A profundidade passa a depender do alcance do sistema de aeração, devendo ficar entre 2,5 e 4,5 m, com valor mínimo de 2 m.

Densidade de potência

Representa a razão entre a potência instalada para o funcionamento dos aeradores e a unidade de volume útil de água residuária, dada por:

Φ (W m^{-3}) = potência instalada (W) / volume do reator (m^3).

Conforme recomendado por Loehr (1984), as lagoas aeradas-facultativas devem operar com densidade de potência na faixa de 3,0 a 4,0 W m^{-3} ou, conforme Von Sperling (1996), de 0,75 a 2,75 W m^{-3}. Tais valores podem variar em função da concentração de material orgânico na água residuária.

Demanda de oxigênio

No processo de tratamento por lagoa aerada, o oxigênio demandado no processo de decomposição da biomassa deve ser todo proveniente de aeração forçada; portanto a estimativa de sua demanda pode ser dada pela Equação 4.23.

$$OR = \frac{\alpha . Q .(C_0 - C)}{1000} \quad (4.23)$$

em que:
OR – oxigênio requerido (kg dia^{-1} de O_2);
α – coeficiente de demanda de aeração variando de 0,8 a 1,2 kg de O_2 kg^{-1} de DBO;
C_o – concentração de DBO efluente (g m^{-3});
C – concentração de DBO solúvel efluente (g m^{-3});
1000 - fator de conversão de kg para g (g kg^{-1});
Q – vazão afluente (m^3 dia^{-1}).

Demanda energética

A potência necessária ao funcionamento do aerador pode ser estimada pela Equação 4.24.

$$P = \frac{O_r}{\eta . \varepsilon} \quad (4.24)$$

em que:
P – potência requerida (kW);
η – rendimento do aerador entre 0,55 e 0,65, devendo-se consultar o fabricante;
ε – rendimento de oxigenação (kg.(kW. h)$^{-1}$) de O_2, variando entre 1,5 e 2,0;
O_r – oxigênio requerido (kg h^{-1} de O_2).

Remoção de DBO

Admitindo-se um sistema de mistura completa, a DBO efluente (DBO_E) pode ser estimada, conforme a Equação 4.25.

$$DBO_E = \frac{C_o}{(1 + k.T_d)} \quad (4.25)$$

em que:

o valor de k para lagoas aeradas facultativas pode ser considerado da ordem de 0,6 a 0,8 d^{-1}, com temperatura de 20 °C; e,

Para corrigir o valor de K em temperaturas diferentes, de acordo com Matos (2004), tem-se a Equação 4.26.

$$K_T = K_{20} \times 1,035^{(T-20)} \quad (4.26)$$

4.4.2 Sistemas por Lodo Ativado

O processo de lodo ativado pode ser enquadrado como tratamento aeróbio, de crescimento em suspensão na massa líquida e com retenção de biomassa. A introdução de oxigênio pode ser feita por meio de diferentes formas, como por meio de aeradores superficiais, ou de sistemas com difusores, introduzidos diretamente nos tanques. Os sólidos biológicos crescem na forma de flocos e são mantidos em suspensão pelo equipamento de aeração; não há meio suporte de biomassa, como os materiais inertes (pedras, plástico etc.) introduzidos nos sistemas de filtros biológicos. A retenção de biomassa é feita por meio da recirculação do lodo, separado nos decantadores, acoplados aos reatores biológicos. Ver Figura 4.26.

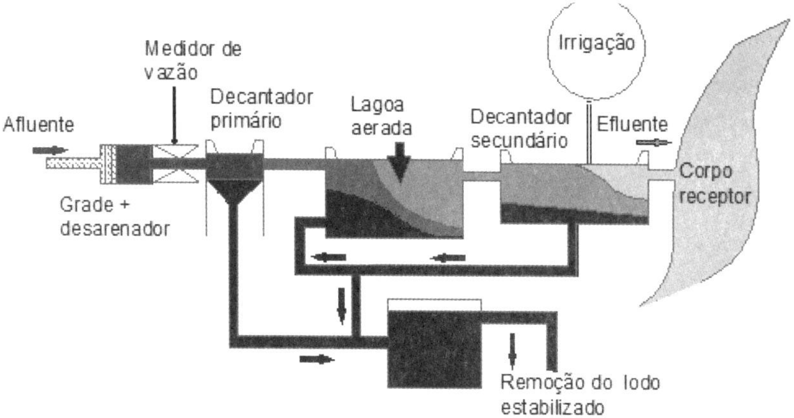

Figura 4.26. Esquema ilustrativo de um sistema de tratamento por lodo ativado.

Para a ocorrência de flocos densos, é necessário que as principais condições ambientais, como temperatura, pH e nutrientes, dentro dos reatores estejam controladas. Uma das condições desejáveis é meio neutro, em termos de pH, característico do esgoto doméstico. Fora da faixa neutra, o número de grupos de microrganismos que se desenvolve é menor, dando maior oportunidade para desequilíbrios e para a predominância de microrganismos maus formadores de flocos. A presença dos principais nutrientes, sobretudo compostos de nitrogênio e de fósforo, deve ser bem administrada. O oxigênio deve ser adicionado em quantidade suficiente para garantir o processo metabólico dos microrganismos que se desenvolvem no tanque-reator e manter um pequeno saldo, segurança contra a ocorrência de anaerobiose. O trabalho dos microrganismos também pode ser influenciado negativamente pela presença de substâncias tóxicas, ou potencialmente inibidoras, contidas nos efluentes industriais.

Com os fatores ambientais externos sob controle, é importante planejar, adequadamente, as condições de funcionamento, tais como a relação alimento/microrganismos e o tempo médio de residência.

O excesso de lodo biológico, descartado continuamente pelo sistema, deve, ou não, sofrer digestão bioquímica complementar, dependendo das condições operacionais. Quando se mantêm maiores tempos de residência celular, o excesso de lodo resultante é mais bem digerido. Essa característica é uma das que difere, com clareza, a variante com aeração prolongada e os processos convencionais.

Constituição

É constituído por decantador primário, seguido de lagoa aerada e decantador secundário, fazendo-se o fornecimento de oxigênio por aeradores mecânicos, ou por ar difuso.

Princípio do processo

O princípio do processo baseia-se na recirculação dos sólidos (biomassa bacteriana) por bombeamento, sedimentados no decantador secundário, objetivando aumentar o tempo de contato das bactérias com o líquido. Com isso, os sólidos permanecem no sistema, por tempo superior ao do líquido, garantindo elevada eficiência dos lodos ativados, uma vez que as bactérias têm tempo para metabolizar, praticamente, todo o lodo contido na água residuária.

Lodo ativado por aeração prolongada e sistema intermitente

Dentro do sistema de tratamento de água residuária por lodo ativado, existe o sistema por aeração prolongada e o de fluxo intermitente.

No sistema por aeração prolongada, a biomassa permanece mais tempo no sistema (os tanques de aeração são maiores); portanto, em decorrência disso, o lodo já sai estabilizado. Ver Figura 4.27.

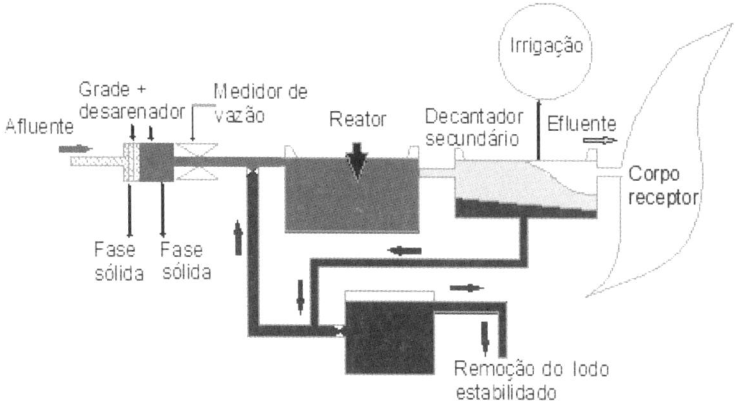

Figura 4.27. Esquema ilustrativo de um sistema com aeração prolongada no tratamento por lodo ativado.

Quando se utiliza o sistema intermitente, no mesmo tanque, podem ocorrer em fases diferentes, as etapas de reação (aerador ligado) e sedimentação (aerador desligado). Quando os aeradores estão desligados, ocorre sedimentação e retirada do efluente. Ao religar os aeradores, os sólidos sedimentados são misturados à massa líquida, o que dispensa as elevatórias de circulação, não sendo necessário decantador secundário (Figura 4.28).

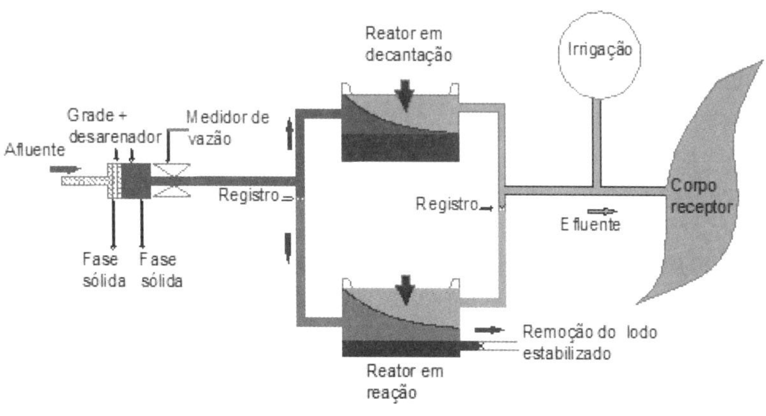

Figura 4.28. Esquema ilustrativo de um sistema intermitente de tratamento por lodo ativado

Vantagens do sistema por lodo ativado

As principais vantagens são:

- elevada eficiência na remoção de DBO;
- remoção de N e P;
- baixo requisito de área;
- baixa possibilidade de maus odores, de proliferação de insetos e de vermes.

Desvantagens

As principais desvantagens são:

- elevado custo de implantação e de operação;
- elevado consumo de energia e de índice de mecanização;
- necessidade de conhecimento técnico para a operação;
- sensibilidade a cargas tóxicas;
- problemas de ruído.

4.4.3 Tratamento por Disposição no Solo

O sistema por disposição no solo é mais uma alternativa para o tratamento de água residuária agroindustrial, geralmente com elevada concentração de nutrientes de interesse agrícola.

A possibilidade de o produtor rural, ou o empreendedor agroindustrial, utilizar os efluentes gerados nas unidades de produção em sistemas agrícolas pode ser bastante vantajosa do ponto de vista econômico, como fonte de renda e de redução de custos com fertilização; do ambiental, com a redução da poluição do solo, de recursos hídricos superficiais e subterrâneos e do ar ainda do ponto de vista social, pela redução da poluição visual, tornado-se técnica atraente.

A disposição no solo deve ser realizada por técnicas adequadas, evitando comprometer a qualidade ambiental; portanto o desenvolvimento de estudos que definam as taxas de aplicação e as características dos efluentes em diferentes solos e culturas é muito importante. Pode ser uma complementação do tratamento primário ou a única forma de tratamento, dependendo das características do efluente. Esse sistema tem a vantagem de, além do tratamento da água e do fornecimento de nutrientes para o solo, apresentar baixo custo de instalação e de operação. Calcula-se que seu custo seja apenas de 30 a 50% dos demais sistemas de tratamento convencionais.

A taxa de aplicação, a qualidade do efluente, a textura do solo e o tipo de cultura na área receptora da água residuária são alguns dos fatores que se devem levar em conta para a disposição/ o tratamento adequados da água residuária no solo. Para que haja eficiente degradação do material orgânico da água residuária, é necessária adequada aeração do solo, que, por sua vez, pode ser prejudicada em condições de alto conteúdo de água no solo. Dentre outras, as formas de tratamento podem ser: fertirrigação, infiltração-percolação, escoamento superficial e áreas alagadas.

Princípio do processo

A remoção de poluentes é realizada por processos químicos (precipitação, adsorção, troca iônica, complexação), físicos (filtração, sedimentação, desidratação) e biológicos (biodegradação, predação). A aeração do solo é fator importante para a eficiente degradação do material orgânico por microrganismos aeróbicos. O tratamento do efluente resulta da ação filtrante do solo, seguida pela oxidação biológica do material orgânico.

4.4.3.1 Sistema por Infiltração - Percolação

O objetivo é fazer, do solo, um filtro para as águas residuárias, servindo a água percolada de recarga do lençol freático, ou sendo por uma rede de drenagem subsuperficial, ou poços freáticos, conforme mostra a Figura 4.29.

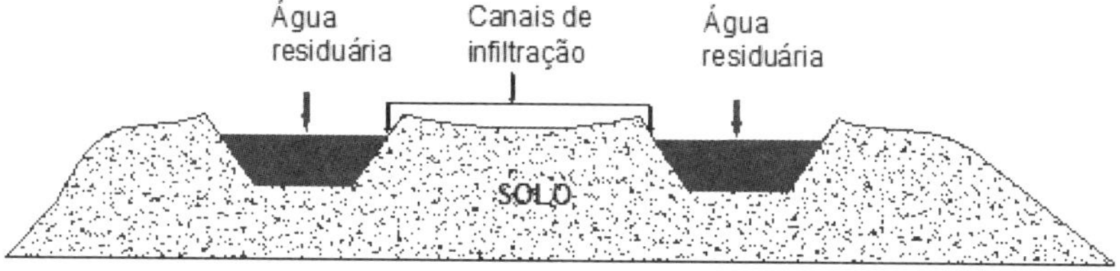

Figura 4.29. Esquema ilustrativo de um sistema de tratamento de água residuária por Infiltração-percolação.

Formas de aplicação

A aplicação deve ser feita de forma intermitente, permitindo períodos de descanso para o solo, quando se irão restabelecer as condições aeróbias. Assim, na presença de oxigênio, ocorrerão a mineralização do material orgânico, e a redução de maus odores, minimizano os problemas de contaminação por microrganismos.

O sistema é composto por valas de infiltração sem revestimento em solos de alta permeabilidade. A água com elevada concentração de matéria orgânica deve passar por tratamento prévio, para se evitarem problemas no processo de infiltração.

Vantagens

As principais vantagens são:

- remoção de DBO estimada em 90 a 99%, N de 60 a 80% e P de 70 a 95%;
- reduzido custo de implantação, de operação e de manutenção;
- permanência do o lodo no próprio local de tratamento

Desvantagens

As principais desvantagens são:

- risco de contaminação das águas subterrâneas, necessitando de monitoramento da água aplicada e da água subterrânea;
- eficiência no tratamento depende das características químicas, físicas e mineralógicas do solo;
- possibilidade de ocorrência de maus odores e desenvolvimento de insetos e vermes.

4.4.3.2 Sistema por Escoamento Superficial

O objetivo é fazer, do solo, um filtro para as águas residuárias, servindo a água percolada no solo de recarga do lençol freático, ou sendo coletada por uma rede de drenagem subsuperficial, ou por poços freáticos (Figura 4.30).

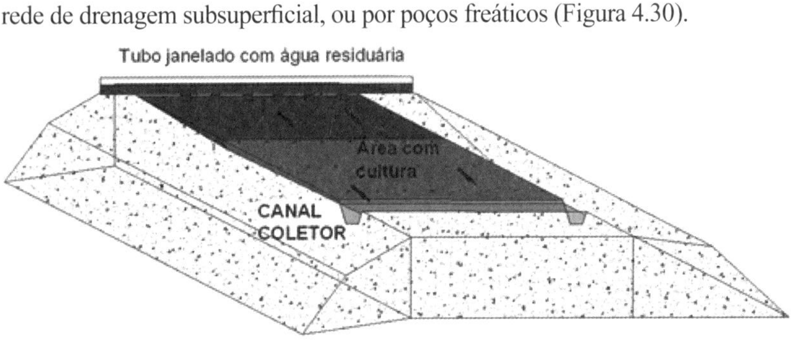

Figura 4.30. Esquema ilustrativo de um sistema de tratamento de água residuária por escoamento superficial.

Formas de aplicação

O efluente é aplicado a taxas superiores à capacidade de infiltração do solo, em terrenos regulares com baixa declividade, cultivados com vegetação rasteira, geralmente gramínea, por onde se desloca morro abaixo até um sistema de coleta no final da rampa.

Durante o processo de escoamento, o sistema solo-planta e microrganismos encarregam-se de filtrar e te degradar o material orgânico da solução. Os terrenos devem ter baixa permeabilidade, reduzindo os riscos de contaminação freática, e declividade de 2 a15%.

A aplicação pode ser feita por aspersão (baixa pressão), tubos janelados, ou bacias de distribuição. Nesse sistema, o efluente coletado no final da rampa deve apresentar características, adequados para seu lançamento em corpos receptores.

Requisitos e destinação da cultura plantada

A cultura implantada deve ser perene e tolerante a condições de baixa oxigenação e de elevada salinidade na raiz, tem boa capacidade de extração de nutrientes e ser tolerante a pragas.

A planta produzida pode scr utilizada para adubo verde ou feno, seguindo as normas de sanidade.

A Universidade Federal de Minas Gerais- UFMG/DESA, em 1996, implantou uma unidade-piloto de tratamento de esgoto doméstico por escoamento superficial, aplicado ao pós-tratamento de um reator UASB, em Itabirito MG. A unidade possui três faixas de 3,0m x 25,0 m, com taxas de aplicação de 0,20, 0,40 e 0,60m^3 $m^{-1}h^{-1}$, utilizando a forrageira Brachiaria *humidicola.* Foram observadas eficiências médias de remoção DQO e DBO_5, variando de 48 a 53%, o que confere, ao efluente final, concentrações médias variando de 48 a 52 mg L^{-1} para DBO5, 98 a 103 mg L^{-1} para DQO e 17 a 21 mg L^{-1} para SST (Araújo et al., 1991). Relativamente à contagem de coliformes fecais, observou-se a remoção de uma unidade logarítmica no reator UASB, e de 1 a 2 unidades logarítimicas nas rampas de aplicação superficial, resultando em um efluente com concentrações finais variando entre 104 e 105 UFC/100 mL (Zerbini et al., 1991).

Vantagens e desvantagens

As principais vantagens e desvantagens são:

- remoção de DBO estimada em 90%, utilizando grama, N de 70-90% e P de 50-60%;
- menor risco de contaminação do lençol freático;
- como desvantagem, pode-se citar a dependência da permeabilidade e da declividade do solo.

4.4.3.3 Sistema por Fertirrigação

A fertirrigação prioriza o aproveitamento de nutrientes presentes no efluente, como N, P, K, fundamentais para as culturas e pouco disponíveis nos solos brasileiros. Por isso, acredita-se que métodos como este venham a ser mais explorados futuramente (Figura 4.31).

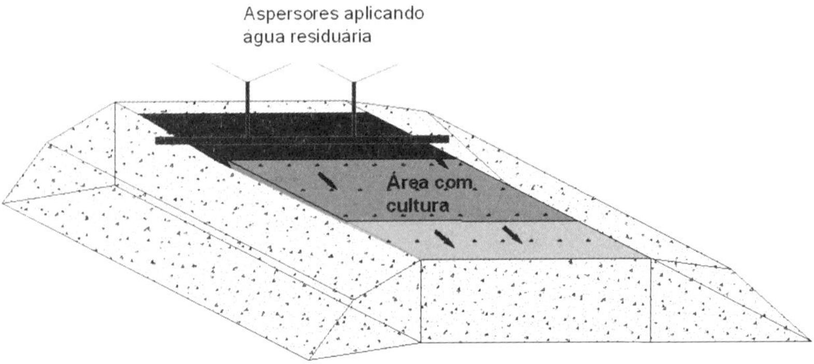

Figura 4.31. Esquema ilustrativo de um sistema de irrigação por aspersão para tratamento de água residuária

Formas de aplicação

O uso de algumas capineiras pode ser interessante por utilizar a água durante todo o ano e porretirar macro e micronutrientes que contaminariam o solo, os rios, os lagos e as águas subterrâneas. A taxa de aplicação deve ser compatível com a demanda de nutrientes pela cultura, para não comprometer a produtividade e não contaminar o meio. Por isso, devem sempre ser aplicadas em quantidades inferiores à requerida.

O sistema de aplicação pode ser por sulcos, por aspersão, ou por irrigação localizada. A seleção do método depende da cultura, da susceptibilidade a doenças, da infiltração no solo, e das características químicas, físicas e biológicas do efluente.

O sistema localizado, muitas vezes, é recomendado para minimizar problemas de doenças, maus odores e pragas nas folhas; entretanto exige, em alguns casos, tratamentos específicos, tendo em vista problemas de entupimentos na tubulação e nos emissores.

Vantagens e desvantagens

Como principal vantagem, pode ser mencionada a eficiência na remoção de poluentes (DBO, N, P): as plantas removem os nutrientes e o solo remove o material orgânico.

Como desvantagem, pode ser citada a necessidade de maior área por unidade de água tratada.

4.4.3.4 Sistema por Áreas Alagadas

Mecanismos utilizados

Os mecanismos envolvidos são: filtração, degradação da matéria orgânica pelos microrganismos do solo, adsorção de nutrientes e outros. A vegetação encarrega-se de utilizar os nutrientes disponíveis na água residuária, extraindo macro e micronutrientes, além do carbono contido na matéria orgânica carbonácea (Figura 4.32).

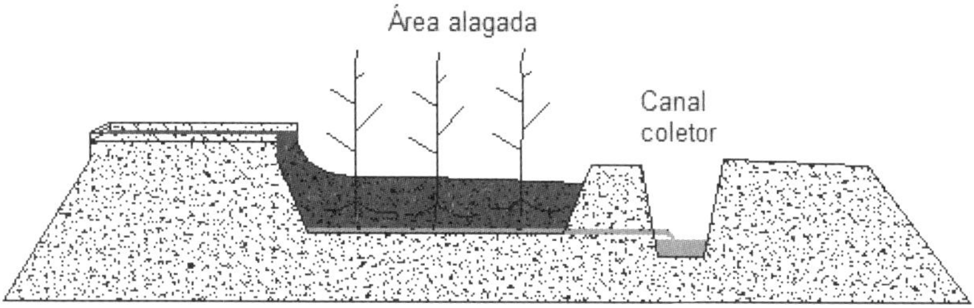

Figura 4.32. Esquema ilustrativo de um sistema alagado para o tratamento de água residuária por filtragem vertical.

Plantas utilizadas

As espécies de plantas utilizadas são as halófitas, cujas folhas ficam posicionadas acima da superfície da água, podendo ser citada, como exemplo, a taboa (Thypa SP.). Existe também potencial para utilizar o capim Tifton e o Elefante.

Requisitos da área

Sistemas em tanques de concreto, ou área impermeabilizada com lona, ou outro material. No fundo, deve conter em torno de 20 cm de brita.

Vantagens

As principais vantagens são:

- baixo custo de implantação e manutenção;
- eficiência na remoção de DBO e de nutrientes

4.5 Tratamento Terciário

Além dos tratamentos em fases preliminar, primária e secundária, os efluentes ainda podem ser submetidos ao tratamento terciário, que visa à remoção de organismos patogênicos e também de nutrientes inorgânicos dos esgotos. Tal procedimento é mais utilizado quando o efluente tratado tem destinação para lançamento, ou reuso para finalidades humanas. Entretanto, em alguns casos, pode ser necessário para a irrigação de alguma cultura. Daí a importância de sua abordagem neste capítulo. De um modo geral, o tratamento terciário pode ser analisado como de importância significativa para o meio ambiente (no caso de lançamento), para o tipo de cultura (que dependerá da qualidade microbiológica que se pretende alcançar para o consumo final) e para o sistema de irrigação a utilizar (o método localizado é o mais exigente quanto à qualidade do efluente utilizado).

O tratamento terciário visa a remover poluentes específicos como metais pesados ou substâncias tóxicas, compostos não biodegradáveis, agentes patogênicos, N, P, ou ainda, poluentes não degradados na fase secundária. Neste caso, o método de tratamento será utilizado quando o efluente do tratamento secundário ainda possuir níveis de substâncias ou de organismos que podem possam provocar problemas quanto ao equilíbrio do corpo receptor; ou mesmo a seres vivos que deste dependam; ou ainda, quando necessário para o enquadramento da água quanto a seu uso. Os métodos de tratamento terciário correspondem ao tratamento avançado de efluentes.

O tratamento terciário pode ser dividido em dois estudos: métodos de tratamento que visam à desinfecção do esgoto, ou seja, que removem organismos patogênicos dos esgotos, e os métodos de tratamento que visam à remoção de nutrientes, que tem, por objetivo, evitar o desequilíbrio quanto à disposição de elementos no corpo receptor, evitando a eutrofização deles.

Processos utilizados por desinfecção

A desinfecção das águas residuais tratadas tem, por finalidade, a remoção dos organismos patogênicos. Esse processo serve para o controle de microrganismos causadores de enfermidades e outros que possam causar problemas tanto à saúde pública quanto à domiciliar e industrial. Por esse motivo, faz-se necessária a aplicação de técnicas que eliminem os agentes patogênicos das águas residuárias. Dentre os processos mais comuns, pode-se citar a desinfecção com cloro, com dióxido de cloro, com ozônio, e com radiação ultravioleta.

O método de cloração tem contribuído, significativamente, também na redução de odores em estações de tratamento de esgoto. Revelou-se, entre os processos artificiais, o de elevado grau de eficiência em relação a outros processos, como a ozonização, bastante dispendiosa, e como a radiação ultravioleta, não aplicável a qualquer situação.

■ Cloração

A cloração constitui um método químico, cuja finalidade é o extermínio de organismos patogênicos, com a aplicação de cloro. A utilização de fontes de cloro para desinfecção de águas de abastecimento público, e também de águas residuárias, é o processo mais utilizado no mundo. Seu uso é questionado porque reagem com a matéria orgânica decomposta na água, formando Trihalometanos (THMs), produtos cancerígenos, e porque causam impactos no meio ambiente. Nesse caso, a limitação da dosagem de cloro pelo padrão, de acordo com os THMs, em alguns casos, pode culminar em uma associação de métodos para tratamento.

O cloro é aplicado na forma de gás, de soluções de hipoclorito, de dióxido de cloro etc. Em sua molécula, os três átomos de hidrogênio podem ser substituídos por halogênios (cloro, flúor, bromo ou iodo). Entre os THMs cancerígenos formados, temos o clorofórmio ($CHCl_3$), o mais comum, o dibromo clorometano ($CHBr_2Cl$), o bromodiclorometano ($CHBr_2Cl_2$) e o bromofórmio ($CHBr_3$).

Os mecanismos de ação do cloro devem-se principalmente, à oxidação celular, à inibição enzimática e à danificação do material genético dos organismos patogênicos afetados. O cloro reage com a água, formando ácido hipocloroso (HClO), que se dissocia em íons hipoclorito OCl^- e íons hidrogênios H^+, dependendo do pH. O interesse no processo de cloração está na formação dos dois compostos, principalmente do ácido hipocloroso, por possuir maior poder desinfetante do que o íon hipoclorito.

O tratamento por cloração pode ser feito de maneira preventiva ou curativa, sendo a primeira a mais indicada. O efluente pode ser tratado em um tanque, a que são adicionados ionados compostos com cloro, que penetram nas células dos microrganismos presentes e reagem com suas enzimas, destruindo-as, matando as células vivas. Quando necessário, pode-se injetar o produto na linha de irrigação, objetivando dissolver precipitados minerais e/ou prevenir o desenvolvimento de limo, quando a fonte de abastecimento é água residuária. Neste caso, pode-se combinar um sistema de filtração (filtro de areia e tela) com cloração intermitente (cloro livre residual). Ainda no caso, um teste piloto quanto à dosagem e à abertura do filtro deve ser realizado, para o efluente aplicado, uma vez que a concentração de elementos, como o nitrogênio, por exemplo, pode diminuir a ação biocida.

Além de promover o extermínio e/ou o controle de organismos patogênicos, a cloração promove, também, o controle do odor. Na prática da desinfecção podem ser utilizados hipoclorito de cálcio, cloro gasoso e hipoclorito de sódio, os agentes inorgânicos mais facilmente encontrados no mercado, os dois últimos, os mais econômicos. O dióxido de cloro (CLO_2) é um poderoso desinfetante por oxidação. Resultados de investigações demostram que o CLO_2 é mais efetivo que o cloro e menos efetivo que o ozônio. Na Tabela 4.7, apresentam-se as principais vantagens e desvantagens da desinfecção utilizando cloro.

Tabela 4.7. Vantagens e desvantagens da desinfecção com aplicação de cloro

Vantagens	Desvantagens
Baixo custo	As reações com cloro geram compostos potencialmente perigosos (trihalometanos)
Flexibilidade nas dosagens	Aumenta os sólidos totais dissolvidos
Eficiência no processo de desinfecção com cloro residual	Cloro residual tóxico; requer descloração
Tecnologia conhecida	O cloro residual é instável na presença de materiais que demandam cloro
Oxida compostos orgânicos e inorgânicos	Alguns patógenos são resistentes
Ação efetiva para grande variedade de organismos patogênicos	Todas as formas de cloro são tóxicas e corrosivas

Fonte: Adaptado de Von Sperling (1996)

Parte do cloro injetado na água é absorvida pela matéria orgânica (cloro combinado), outra parte pode reagir com íons de amônio, formando cloramidas, ou com compostos inorgânicos, como sulfeto de hidrogênio (H_2S) e ferro, outra parte ainda é o cloro livre, porção que não foi consumida nas reações e que, efetivamente, atua como biocida. A morte dos microrganismos requer um tempo de contato de, aproximadamente, 30 minutos com o cloro livre. Mantido o pH entre 5,0 e 6,0, o poder biocida do cloro é elevado pelo aumento da proporção de ácido hipocloroso (HOCl) na solução (BUCKS, NAKAYAMA, 1986).

Tabela 4.8. Concentrações (NMP/100 mL) e percentagem de remoção de coliformes fecais no esgoto tratado, em função de diferentes dosagens e do tempo de contato com o ClO_2.

Tempo de contato (min.)	Dosagem de ClO_2 (mg L^{-1}) 1,0		1,5		2,0		2,5		3,0	
	Coliforme Fecais	% de remoção	Coliforme Fecais	% de remoção	Coliforme Fecais	% de Remoção	Coliforme Fecais	% de remoção	Coliforme Fecais	% de Remoção
0	$2,6x10^4$	--------	$2,6x10^4$	----------	$2,6x10^4$	------	$2,6x10^4$	------	$2,6x10^4$	------
5	$1,3x10^3$	95,12	$1,1x10^2$	99,57	$9,0x10^1$	99,66	$1,5x10^1$	99,94	$1,0x10^1$	99,96
10	$1,2x10^3$	95,5	$8,5x10^1$	99,67	$2,8x10^1$	99,89	$7,0x10^0$	99,97	0	100
15	$1,3x10^3$	95,96	$8,0x10^1$	99,69	$1,5x10^1$	99,94	0	100	0	100
20	$1,1x10^3$	96,08	$6,6x10^1$	99,75	0	100	0	100	0	100
25	$1,0x10^3$	96,15	$3,8x10^1$	99,86	0	100	0	100	0	100
30	$1,0x10^3$	96,15	$3,4x10^1$	99,87	0	100	0	100	0	100

Fonte: Lapolli et al.(2005)

■ Ozonização

O ozônio (produto corrosivo), um forte oxidante aplicado na forma de gás, é gerado quando uma corrente alternada de alta voltagem é descarregada na presença de oxigênio. O maior exemplo é o que ocorre na natureza, quando, em uma tempestade, há grande produção de ozônio na atmosfera. De forma controlada, a descarga elétrica acelera elétrons o suficiente para partir, através do impacto, as ligações da molécula de oxigênio. Os átomos livres reagem com outras moléculas de oxigênio para a formação do ozônio.

O ozônio possui alto poder germicida contra uma grande variedade de microrganismos patogênicos, incluindo-se as bactérias, os protozoários, os vírus e outros parasitas. Devido à decomposição muito rápida do radical livre hidroxila, uma maior concentração de ozônio deve ser usada em valores de pH mais alto, para manter a eficiência. Devido a sua instabilidade, o ozônio é produzido no próprio local através da aplicação de uma corrente elétrica em um fluxo de ar ou oxigênio, o que ocasiona diversos efeitos, sendo os principais:

- Oxidação da matéria orgânica, produzindo ozonidas e CO_2;
- Alvejamento e melhoria da cor;
- Redução dos teores de ferro e manganês;
- Ação sobre ácidos húmicos, formando produtos biodegradáveis;
- Desintegração de fenóis;
- Remoção de certas substâncias orgânicas não biodegradáveis.

Basicamente, o que diferencia o ozônio dos diversos agentes desinfetantes, é o seu mecanismo de destruição dos microrganismos . O cloro, por exemplo, atua por difusão através da parede celular, para, então, agir sobre os elementos vitais no interior da célula, como enzimas, proteínas, DNA e RNA. O ozônio, por ser mais oxidante, age diretamente na parede celular, causando sua ruptura, demandando menor tempo de contato e tornando impossível sua reativação.

Na Tabela 4.9 apresentam-se valores comparativos do valor do fator CT, produto da concentração do desinfetante (C, mg L^{-1}) pelo tempo de contato (T , minutos), relacionados à eficácia de alguns desinfetantes na inativação de 99% dos microrganismos . Quanto mais baixo for o fator CT, maior será a ação do desinfetante. Dessa forma, é evidente que, quanto mais alto o valor CT, mais resistente é o microrganismo em questão.

Tabela 4.9. Valores de fator CT (mg L^{-1}.min) de alguns desinfetantes para a remoção de 99% dos microrganismos.

Microorganismo	Cloro (pH= 6-7)	Cloramina (pH= 8-9)	Dióxido de cloro (pH= 6-7)	Ozônio (pH= 6-7)
Escherichia coli	0,034-0,05	95-180	0,4-0,75	0,02
Polivírus 1	1,1-2,5	768-3640	0,2-6,7	0,1-0,2
Rotavírus	0,01-0,05	3806-6476	0,2-2,1	0,006-0,06
Cistos de Giardia lamblia	47-150	2200	26	0,5-0,6
Cistos de Giardia muris	30-630	1400	7,2-18,5	1,8-2
Criptosporidium parvum	7200	7200	78	5-10

Fonte: Adaptado de Caffaro (2004)

■ Radiação ultravioleta

Embora o efeito germicida da radiação ultravioleta (UV) tenha sido detectado por volta de 1878, as primeiras unidades para tratamento foram construídas por volta de 1955, na Áustria e na Suíça, e a tecnologia ainda avança com novas descobertas e sistemas a cada ano. A radiação UV é reconhecida como eficiente desinfetante, sendo utilizada para a esterilização de ambientes, de água e de líquidos em geral. Nos últimos anos, vem se estudando a aplicação desse método no tratamento terciário de efluentes, provenientes de estação de tratamento de esgotos. Devido à simplicidade operacional dos sistemas de desinfecção por UV, tem-se ai uma tecnologia que se pode aliar aos outros métodos de tratamento existentes.

Os desinfetantes mais conhecidos, usados na prevenção de microrganismos, são o cloro, o ozônio, a radiação ultravioleta, o iodo, o permanganato de potássio, a prata, o dióxido de cloro e o peróxido de hidrogênio. Diferentemente da maioria dos desinfetantes, a radiação ultravioleta não provoca a inativação de microrganismos por interação química. Ela inativa organismos por absorção de luz, que causa reação fotoquímica, alterando componentes moleculares essenciais para as funções das células. Como os seus raios penetram na parede das células do microorganismo, a energia interfere nos ácidos nucleicos e outros componentes vitais, resultando em danos ou morte. O grau de destruição, ou de inativação, de microrganismos relaciona-se diretamente à dose de radiação ultravioleta a aplicar. O sistema de esterilização UV tem sido utilizado com segurança em hospitais, clínicas, laboratórios e indústrias alimentícias, farmacêuticas, cosméticas, de lacticínios e outras, há mais de cinquenta anos.

A radiação UV, usada para desinfecção, é gerada artificialmente por lâmpadas especiais, preenchidas com vapor de mercúrio e um gás, inerte, geralmente o argônio. São inseridas em um reator fotoquímico (Figura 4.33), construídas de material refletor, para aumentar a eficiência do processo, e utilizam energia elétrica.

Figura 4.33. Tratamento Terciário de Esgoto com Radiação Ultravioleta
Fonte: Dos Santos et al. (2011)

O alumínio é o material indicado para construir os refletores. Para o comprimento de onda de 253,7 nm, a porcentagem de reflexão varia de 60 a 90%, quando a superfície é polida. As lâmpadas geralmente são fluorescentes e de baixa potência (entre 15 e 50 W). As lâmpadas de baixa pressão (100 Pa) são praticamente monocromáticas; mais de 85% da luz emitida tem um comprimento de onda de 253,7 nm, o mais letal aos microrganismos (DI BERNARDO, 1993). Sua vida útil varia entre 5 e 10 mil horas, considerando que as mesmas fiquem ligadas por, pelo menos, 8 horas continuamente. As lâmpadas de média e alta pressão emitem um espectro de luz muito amplo, incluindo a faixa completa de radiação ultravioleta e do visível, o que dificulta a determinação da dose a ser aplicar.

Quando a radiação penetra no corpo dos microrganismos, altera seu código genético e impossibilita-lhe a reprodução. Embora o intervalo de comprimento de onda de 200 a 320 µm seja utilizado na desinfecção de água residuária, estudos indicam que a máxima eficiência é causada pelo comprimento de onda UV-C entre 250 e 270 µm, inativando o DNA/RNA (do microrganismo) e destruindo os microrganismos que circulam no reator de esterilização.

O alvo principal da desinfecção por luz ultravioleta UV-C é o material genético, também chamado ácido nucleico. Os microrganismos são destruídos quando a luz penetra a célula e é absorvida pelo ácido nucléico. Essa absorção provoca um rearranjo da informação genética que interfere com a capacidade de reprodução da célula. Os microrganismos são inativados pela luz UV-C, resultado de um dano fotoquímico ao ácido nucleico. Importante ressaltar que as paredes celulares das bactérias oferecem baixa resistência à penetração da radiação UV; entretanto doses mais elevadas são necessárias para a inativação de esporos e cistos. Alguns vírus também possuem estrutura celular que promove maior resistência à ação da radiação UV, a exemplo do Rotavírus que apresenta cerca de 10 vezes mais resistência de que a *Escherichia Coli.*

Na Tabela 4.10, apresentam-se apresentadas algumas das principais vantagens e desvantagens da desinfecção com radiação UV.

Tabela 4.10. Vantagens e desvantagens da desinfecção com UV.

Tabela 4.10 Vantagens e desvantagens da desinfecção com UV

Vantagens	Desvantagens
• Método com alto grau de inativação de microrganismos, quando aplicado corretamente	• Baixas dosagens podem não ser efetivas na eliminação de alguns vírus, esporos e cistos
• Processo físico independente de manuseio, transporte e estocagem, como ocorre com os produtos químicos	• Em alguns casos, os microrganismos podem reverter o processo destrutivo da UV por meio do mecanismo de reativação, conhecido como foto-reativação, ou em ausência de luz, conhecido como recuperação no escuro
• Não geram resíduos prejudiciais à saúde animal	• Necessita de programa preventivo para o controle da formação de biofilmes nos tubos (reator de contato)
• De fácil controle pelos operadores	• Turbidez e sólidos suspensos totais podem prejudicar a eficiência na inativação de microrganismos
• Baixo tempo de contato (geralmente 20 - 30 s) com lâmpadas de baixa pressão	• O impacto da radiação varia para cada espécie e fase do microorganismo
• Requer menos espaço comparado a outros métodos	

Fonte: Adaptado de EPA (1999)

A dosagem aplicada pela radiação resulta do produto da intensidade da radiação bactericida (W cm^{-2}) pelo tempo de exposição (s), e sua determinação ocorre por meio de radiômetros ou actinômetros. Escoamento turbulento no interior dos reatores é desejável para que as partículas suspensas passem por todos os níveis de intensidade de radiação UV, que é desuniforme, de forma a se obter uma intensidade média relativa ao volume do líquido no interior do equipamento. Uma vez que diversos fatores (características físico-químicas da água, nível de contaminação biológica, impactos sobre os microrganismos das etapas anteriores à desinfecção e grau de risco a ser assumir) influenciam o processo, não se tem estabelecida uma dosagem mínima a ser adotar, sendo recomendadas em um intervalo de 16 a 38 mJ cm^{-2}, por agências americanas, e adotadas em alguns países europeus. No Brasil, pesquisas indicaram valores em torno de 50 mJ cm^{-2} para efluentes secundários.

Para que a radiação UV seja utilizada no tratamento de efluentes de esgoto, devem-se observar alguns parâmetros: tempo de detenção hidráulico, propriedades hidráulicas (relação comprimento/largura do canal do reator, velocidade do escoamento e dispositivos de saída), intensidade de radiação (idade da lâmpada, sujeira, localização da lâmpada no reator) e características do efluente (valores baixos de sólidos suspensos e turbidez garantem melhor desinfecção), sendo este último o mais importante para o sucesso da desinfecção, em alguns casos. A concentração de partículas suspensas e seu tamanho afetam a ação germicida da radiação UV, neste caso, um tratamento anterior à desinfecção constitui pré-requisito importante, entretanto, partículas de tamanho inferior a 7 μm têm pouca influência no tratamento (PIRES, 2002).

Remoção de nutrientes

Águas residuárias podem conter altos níveis de nutrientes, como nitrogênio e fósforo. A disposição deles em excesso pode levar ao fenômeno chamado de eutrofização, que contribui para o crescimento excessivo de algas e cianobactérias (algas azuis). A maior parte dessas algas acaba morrendo, porém a sua decomposição por bactérias remove oxigênio da água, ocasionando a morte de animais aquáticos. Além disso, algumas espécies de algas produzem toxinas que contaminam as fontes de água potável (as chamadas cianotoxinas). A remoção do nitrogênio pode ser realizada por desnitrificação, enquanto a do fósforo, por precipitação química ou remoção biológica.

- A desnitrificação requer condições anóxicas (ausência de oxigênio) para que as comunidades biológicas apropriadas se formem, facilitando-se o processo por grande número de bactérias. Método de filtragem em areia, lagoa de polimento etc. podem reduzir a quantidade de nitrogênio. O sistema de lodo ativado, se bem projetado, também pode reduzir significante parte do nitrogênio;

- A remoção de fósforo pode ser feita por precipitação química, geralmente com sais de ferro (ex. cloreto férrico) ou alumínio (ex. sulfato de alumínio). O lodo químico resultante é difícil de tratar e o uso dos produtos químicos torna-se caro. Apesar disso, a remoção química de fósforo requer equipamentos muito menores que os usados para a remoção biológica, entretanto, quando possível, deve-se dar prioridade para o tratamento com lagoas de maturação.

- **Lagoas de maturação**

O sistema por lagoas de maturação é bastante utilizado quando se pretende a remoção de agentes patogênicos e de nutrientes. Essa é uma opção mais barata do que a outros métodos como a desinfecção por cloração. As lagoas de maturação são dimensionadas de forma similar às lagoas anaeróbias e aeróbias, conforme veremos no exemplo mais adiante. Normalmente se utilizam, na lagoa de maturação, tempo de detenção hidráulica mínimo de 3 dias, uma relação comprimento/largura = 3/1, e profundidade da lagoa de 0,8 a 1,5 m, podendo esta profundidade variar com a intensidade da radiação solar na região.

Exemplo prático de tratamento de água residuária

Um sistema de irrigação por microaspersão está implantado na cultura de laranja, em uma área de 60 ha. O volume demandado de água para irrigação, em média, é 6.000 m^3, com turno de rega de 7 dias. Deseja-se dimensionar um sistema de tratamento de água, utilizando lagoas de estabilização para atender aos requisitos da irrigação e à normalização da resolução CONAMA 357 (2005), utilizando água residuária de esgoto doméstico de uma determinada cidade, segundo os dados a seguir:

DADOS:

População atendida na cidade: **68.350 hab.**

Carga de DBO =**3.691 kg dia^{-1}**

Vazão média do esgoto =**126,6 L s^{-1}**

Temperatura mínima mensal na região = **11,5 °C**

Considerações para o Dimensionamento

Sistema utilizado: **Sistema Australiano** (lagoa anaeróbia seguida de lagoa facultativa) **com lagoa de maturação.**

LAGOA ANAERÓBIA

Tempo de detenção hidráulica na lagoa anaeróbia de **3 a 6 dias** (bactérias de rápido crescimento)

Profundidade de **3 a 5 metros** (águas com baixa turbidez)- garante condições anaeróbias

Relação Comprimento/largura = **2:1**

Eficiência na remoção de DBO de **50%**

LAGOA DE MATURAÇÃO

Tempo de detenção hidráulica na lagoa de maturação mínimo de 3 dias

Relação Comprimento/largura = **3:** 1

Profundidade da lagoa de maturação **(0,8 a 1,5) -** região onde ocorre baixa radiação solar

PARA TODAS AS LAGOAS

Taludes das lagoas em função das características do terreno = **2H: 1V**

Borda livre: **0,60m**

Considerar **3 lagoas** operando em paralelo para os sistemas adotados

Análise Preliminar

Analisando a Resolução CONAMA 357 (2005), nota-se que, para irrigação de hortaliças e plantas frutíferas, a água deve ser pelo menos de Classe 2. A água deve atingir DBO de 5 dias a 20 °C de 5 mg L^{-1}; 1000 coliformes termotolerantes por 100 mL em 80% ou mais de 6 amostras durante o ano. Tais requerimentos podem, muitas vezes, ser conseguidos com o uso de Sistema Australiano (lagoa anaeróbia seguida de lagoa facultativa) com lagoa de maturação.

Resolução

Dimensionamento das lagoas anaeróbias

Adotando-se um tempo de detenção hidráulica (Td) com base na vazão média do esgoto de 4 dias, tem-se o seguinte volume útil da lagoa anaeróbia:

CÁLCULO DO VOLUME ÚTIL DE CADA LAGOA

V.útil = Td *Q

V.util total= 4d*((126, 6 Ls^{-1}*86400sd^{-1})/1000Lm^{-3})

V.útil total= 43.753 m^3

VOLUME ÚTIL DE CADA LAGOA

V.útil = V.útil total /3 =**43.753 m^3/3:**

V.útil (cada lagoa) = 14.584 m^3

CÁLCULO DO COMPRIMENTO E LARGURA DA LAGOA

Profundidade útil adotada de 4 metros

ÁREA DE CADA LAGOA

Área de cada lagoa= **14.584 m^3/4m = 3.646 m^2**

Área de cada lagoa= 3.646 m^2

Relação comprimento / largura adotado (L/B) = 2:1, ou seja: L=2B

Dimensões

A=B*L

3.646 m^2 = 2B*B: 3.646 m^2 = $2B^2$: B= (3.646 m^2 /2)$^{1/2}$

B= 42,7 m; L= 85,4m

Borda livre= 0,60 m

TAXA DE APLICAÇÃO VOLUMÉTRICA DE DBO

λV = carga de DBO/V.útil total

λV = 3.691KgDBO d^{-1}/43.753 m^3

λV = 0, 085KgDBO/ m^3dia

Eficiência na remoção de DBO de 50%

CARGA DE DBO

Carga de DBO para as lagoas facultativas = 0,5*3.691 = **1.846 Kgd^{-1}**

Dimensionamento da lagoa facultativa

TAXA DE APLICAÇÃO SUPERFICIAL LIMITE DE DBO (λ_L)

λ_L = 20*T – 60 (MARA, 1975)

T= temperatura mínima média mensal

λ_L = 20*11,5 – 60

λ_L = 170 kg DBO ha^{-1} dia^{-1}

AREA MÍNIMA NECESSÁRIA

$A_{min.}$ = carga total do efluente/ taxa de aplicação de DBO

CARGA DE DBO DO EFLUENTE

Carga de DBO para as lagoas facultativas = 0,5*3.691 = **1.846 Kgd^{-1}**

$A_{min.}$ = 1.846 kg dia^{-1}/ 170 kg DBO ha^{-1} dia^{-1}

$A_{min.}$ = 10,86 ha

ÁREA DE CADA LAGOA

Área de cada lagoa= 10,86 ha / 3 lagoas = 3,62 ha por lagoa

Relação comprimento / largura adotado (L/B) = 3:1, ou seja: L=3B

Dimensões: A=B*L

36200 m^2 = 3B*B; 36200 m^2 = 3B^2; B=: (36200 m^2 /3)$^{1/2}$

B= 110m; L= 330m

Borda livre =**0,60m**

Dimensionamento da lagoa de maturação

Tempo de detenção hidráulica mínimo de 3 dias. Adotar 7 dias

V_{util} = Td *Q

V_{util} total = 7d*((126, 6 L s^{-1}*86.400s d^{-1})/1.000 L m^{-3})

$V_{útil}$ t_{otal} = 76.568 m^3

VOLUME ÚTIL DE CADA LAGOA

$\mathbf{V_{útil} = V_{útil\ total} / 3 = 76.568\ m^3 / 3}$

$\mathbf{V_{útil}}$ **(cada lagoa) = 25.523 m**^{3}

Adotando profundidade útil de 1 m (de 0,8 a 1,5 inicia-se a região onde ocorre baixa radiação solar)

ÁREA DE CADA LAGOA

Área de cada lagoa= **25.523 m**^{3}**/ 1 m**

Área de cada lagoa = 25.523 m^2 **por lagoa**

Relação comprimento / largura adotado (L/B) = 5:1, ou seja: L=5B

Dimensões: A = B*L

25.523 m^2= 5B*B; 25.523 m^2= 5B^2; B= (25523 m^2/5)$^{1/2}$

B= 71,5 m; L= 357,5m

Borda livre= 0,60 m

Considerações finais

O sistema atendeu ao volume necessário de irrigação. Deverá ser realizada análise da água em relação a sólidos suspensos, coliformes, material orgânico, nitrato e ser investigado possível problema de entupimento, no caso de irrigação localizada.

4.6 BIBLIOGRAFIA

ARAÚJO, G. C.; COSTA, R. S.; CHERNICHARO, C. A. L.; SPELING, M. V. **Avaliação da operação em regimes hidráulicos permanentes e transiente de um sistema de aplicação superficial de esgotos no solo para o pós-tratamento de efluentes de reatores UASB**. In: 20° Congresso Brasileiro de Engenharia Sanitária e Ambiental, 10-14/05/99. Rio de Janeiro-RJ, Brasil. 1991.

BUCKS, D. A.; NAKAYAMA, F. S. **Trickle irrigation for crop production**: design, operation and management. Amsterdam: Elselver, 1986. 383p.

CETESB. **Legislação estadual sobre meio ambiente**. São Paulo, 1998.

CONAMA - Conselho Nacional de Meio Ambiente. **Resolução 357**. Dispõe sobre a classificação dos corpos d'água e diretrizes ambientais para seus enquadramentos. Estabelece as condições e padrões de lançamento de efluentes, e dà outras providências. CONAMA, março de 2005.

CAFFARO.S.P.A. – GRUPO SNIA. **Chemicals Business Unit**: Chlorine DioxideWastewater Disinfection. Disponível em http://www.caffarochem.com. Acesso em novembro 2004.

DI BERNARDO, L. **Métodos e técnicas de tratamento de água**. Rio de Janeiro: ABES, 1993, 2v.

DOS SANTOS, D. V.; DA SILVA, E. G.; SILVA, S. A. D. S.; ASSIS, V. G. **Tratamento terciário de esgoto**. 2011. Engenharia do meio ambiente, Faculdade de ciências exatas e tecnológicas – FACET, Itaperuna, 2011.

JORDÃO, E. P.; PESSOA, C. A. **Tratamento de esgotos domésticos**. ABES, 3ª edição, Rio de Janeiro, 1995.

LAPOLLI, R. R.; HASSEMER, M. E. N.; CAMARGO, J.G.; DAMÁSIO, D. L.; LOBO-RECIO, M.A. Desinfecção de efluentes sanitários através de Dióxido de cloro. **Engenharia Sanitária e Ambiental**, v.10, n. 3, p. 200-208, 2005.

LOEHR, R. **Pollution Control For Agriculture. Orlando: Academic Press**. 1984. 464p.

MATOS, A. T.; CABANELLAS, C. F. G.; EUSTÀQUIO JÚNIOR, V.; PEREIRA, A.; SILVA, J. S.; LO MONACO, P. A. **Remoção de poluentes no trata-**

mento por sedimentação/filtração da água em recirculação na despolpa de frutos do cafeeiro. In: CONGRESSO NACIONAL DE IRRIGAÇÃO E DRENAGEM, 14, **Anais**... ABID, 2004. Porto Alegre, RS. (CD-ROM).

MATOS, A.T. **Manejo e tratamento de resíduos agroindustriais**. Viçosa: AEAGRI. 2005, 128p. (Série Cadernos Didáticos no. 31).

MC GARRY, M.G. AND PESCOD, M.B. **Stabilization ponds design criteria for waste treatment lagoons**, University of Kansas, Mo. 1970.

METCALF & EDDY, Inc. **Wastewater engineering**: treatment, disposal, re-use. McGraw-Hill, 3rd ed., New York, 1991.

NB-570. **Projeto de estações de tratamento de esgoto sanitário**. Associação Brasileira de Normas Técnicas. ABNT- Associação Brasileira de Normas Técnicas, Rio de Janeiro, 1990, 29 p.

NB-7229. **Projeto, construções e operação de sistemas de tanques sépticos.** ABNT- Associação Brasileira de Normas Técnicas, Rio de Janeiro, 1993, 15 p.

NBR-12.209. **Projeto de Estações de Tratamento de Esgotos**. ABNT- Associação Brasileira de Normas Técnicas, Rio de Janeiro, 1992, 23p.

NBR-13969. **Tanques sépticos: Unidades de tratamento complementar e disposição final dos efluentes líquidos: Projeto, construção e operação**. ABNT - Associação Brasileira de Normas Técnicas, Rio de Janeiro, 1997, 60 p.

NBR-569. **Projeto de Estações Elevatórias de Esgoto Sanitário**. ABNT- Associação Brasileira de Normas Técnicas, Rio de Janeiro,1989, 5 p.

PIRES, M. R. **Desinfecção de esgotos com radiação ultravioleta**: influencia na qualidade do efluente da fotorreativação. 2002. Tese (Doutorado em Engenharia Sanitária e Ambiental) – Faculdade de Engenharia Civil, Universidade Estadual de Campinas, 2002, 110p.

UNITED STATES ENVIRONMENTAL PROTECTION AGENCY. **Alternative Desinfectants and Oxidants Guindance Manual.** EPA, 1999. 346p.

VON SPERLING, M. **Tratamento e destinação de efluentes líquidos da**

agroindústria. Brasília: ABEAS; Viçosa: DEA/UFV, 1996. 92 p. (Módulo 6.2).

ZERBINI, A. M.; CHERNICHARO, C. A. L.; VIANA, E.M. **Estudo da Remoção de Ovos de Helmintos e Indicadores Bacterianos em um Sistema de Tratamento de Esgotos Domésticos por Reator Anaeróbio e Aplicação Superficial no Solo**. 20º Congresso Brasileiro de Engenharia Sanitária e Ambiental, 10-14/05/99. Rio de Janeiro-RJ, Brasil. 1991.

5

Uso agrícola de efluentes tratados

5.1 Introdução

Dentre as medidas indicadas para reduzir dos problemas advindos do lançamento inadequado de efluentes líquidos no meio ambiente, está a utilização de água residuária na área agrícola, possibilitando seu aproveitamento desde que se efetuem os tratamentos prévios apropriados à água residuária; ela é muito útill do ponto de vista agronômico, pois é possível fornecer, também, nutrientes às culturas, o que pode contribuir para o aumento na produtividade, possibilitando benefícios econômicos, ambientais e de saúde pública. Nesta situação, a irrigação é a prática mais viável e conveniente a adotar. No entanto a área agrícola não deve ser vista como um local que sirva de "aterro" para depósito de qualquer resíduo. Dessa forma, alguns efluentes, principalmente aqueles de origem doméstica, devem ser preferencialmente tratados, reduzindo sua carga de poluentes, inclusive de agentes patogênicos, antes de sua aplicação na área agrícola.

5.2 Implicações do reuso agrícola

Em geral, os aspectos que se devem considerar no reuso de águas residuárias para fins agrícolas não são diferentes daqueles aplicados a fontes de águas naturais. Contudo a preocupação tende a aumentar quanto à observância de determinados agentes infectantes e poluentes, uma vez que os elevados riscos, associados ao uso de esgotos domésticos para fins potáveis, exigem cuidados extremos, para assegurar a proteção efetiva e permanente dos usuários. Os riscos à saúde humana, como infecções parasitárias e acúmulo de metais pesados no organismo, transferidos pela cadeia alimentar, representam-se como as maiores limitações do reuso na agricultura. Contudo a FAO (2003) destaca que esses riscos, em sua maioria, decorrem de tratamentos insuficientes das águas residuárias, o que expõe a saúde dos trabalhadores envolvidos na irrigação e os consumidores dos alimentos. Além disso, quando praticado de maneira inadequada, o reuso agrícola de esgotos pode trazer sérios problemas, como o acúmulo de sais, a diminuição da capacidade de infiltração da água, a acumulação de fosfato, ou a lixiviação de nitratos (Paganini, 2003; Marques et al.,2003), caracterizando os riscos biológicos, de salinidade e de sodicidade, e químico.

5.2.1 **Risco biológico**

A maior restrição para o reuso de águas residuárias relaciona-se à presença de microrganismos patogênicos vírus, protozoários e helmintos. Muitos desses patógenos estão presentes em elevadas concentrações e podem sobreviver por dias, semanas e até alguns meses no esgoto, em solos umedecidos, ou em cultivares com ele irrigados. Isso oferece risco potencial à saúde humana em áreas onde se desenvolvem atividades com o efluente, bem como ao público que consome plantas irrigadas com esgotos, ou utilizam áreas recreativas (campos ou lagos) que recebem esse tipo de água.

A presença de microrganismos patogênicos pode ser entendida conforme sua probabilidade de impor riscos atribuíveis à irrigação com efluentes: alto risco para organismos como helmintos e nematoóides intestinais humanos (*A. lumbricoides, Trichuris trichiura, N. americanus e A.duodenale*); médio risco para bactérias (*V. chlolerae, S. tyhi* e *Shigellae* ssp.) e protozoário (*E. hystolitica, Giárdia sp. e Cryptosporidium* ssp.) e baixo risco para vírus (enterovírus e vírus da hepatite). Contudo deve-se considerar que a presença de organismos patogênicos em esgotos, solos ou culturas não significa, deterministicamente, a transmissão de doenças.

Considerando que a prerrogativa acima esteja correta, é importante destacar que, embora as incertezas quanto à taxa de exposição sejam reais (Cardoso, 2005), é importante estabelecer critérios mínimos para a prevenção de doenças infecciosas. Nesse sentido, conforme sistematizado na Tabela 5.1, a OMS (1989) e a USEPA (2004) recomendam critérios de qualidade microbiológica para o uso de águas residuárias na irrigação.

Tabela 5.1. Critérios microbiológicos para o uso das águas residuárias na agricultura

Tipo de irrigação e cultura	Qualidade microbiológica do efluente	Fonte
Culturas alimentícias não processadas comercialmente e potencialmente consumidas cruas	**Coliformes fecais (organismos/100mL)[1]**	
	<1000	OMS (1989)
	Não detectável	USEPA (2004)
	Nematóides intestinais (ovos/L)[2]	
	<1	OMS (1989)
	Não detectável	USEPA (2004)
Culturas alimentícias processadas comercialmente	**Coliformes fecais (organismos/100mL)**	
	Sem recomendação	OMS (1989)
	< 200/100 mL	USEPA (2004)
	Nematóides intestinais (ovos/L)	
	<1	OMS (1989)
	Não detectável	USEPA (2004)
Culturas não alimentícias	**Coliformes fecais (organismos/100mL)**	
	Não aplicável	OMS (1989)
	< 200/100 mL	USEPA (2004)
	Nematóides intestinais (ovos/L)	
	Não aplicável	OMS (1989)
	Sem recomendações	USEPA (2004)

[1]Média de amostragem de sete dias consecutivos; [2]*Ascaris*, *Trichuris*, *Necator* e *Anncylostoma* – media aritmética durante o período de irrigação.

5.2.2 Risco de salinidade e sodicidade

Papadopoulos (1999) afirma que os esgotos domésticos apresentam teores de macro e micronutrientes satisfatórios para a demanda da maioria das culturas. Porém a presença de sais e sólidos dissolvidos fixos deve ser vista com atenção, já que tais características podem gerar efluente salino, impróprio para irrigação, porque afeta diretamente, a nutrição vegetal. Embora haja um número conhecido de culturas tolerantes à salinidade, é importante monitorar e administrar a irrigação, considerando a sustentabilidade do sistema como um todo.

Um dos maiores fatores de degradação, quanto ao reuso de águas na agricultura, é a elevada concentração de íons, uma vez que, quando ocorre aumento da salinidade, se podem tornar tóxicos, ou interferir na absorção de outros nutrientes, por seu acúmulo pode elevar o potencial osmótico oposto ao da extração das plantas, e desestruturar o solo. Por sua vez, para compensar essa variação, a planta usa uma parcela grande de sua energia para ajustar a concentração de sal dentro de seu tecido, a fim de obter a água adequada, o que resulta em menos energia disponível (USEPA, 2004).

Salinidade

O risco potencial de salinização do solo é avaliado com base na salinidade da água de irrigação. Este é uns dos parâmetros mais importantes a determinar com vistas à garantia de sustentabilidade do sistema (água, solo e planta).

A salinidade é determinada a partir da condutividade elétrica (CE) e/ou dos sólidos totais dissolvidos (STD). A primeira representa a capacidade da água em transmitir a corrente elétrica, em função da presença de substâncias dissolvidas, principalmente inorgânicas, que se dissociam em cátions e ânions. Logo, quanto maior a concentração de íons, maior a capacidade de transmitir corrente e, consequentemente, maior a condutividade. O segundo critério liga-se, diretamente, ao primeiro, uma vez que quantifica, diretamente, a concentração de constituintes inorgânicos, mensurados, indiretamente, pelo condutivímetro. Para a USEPA (2004), os interesses com salinidade relacionam-se aos possíveis impactos relacionados à (ao):

- Potencial osmótico do solo;
- Toxicidade específica do íon; - Blum (2003) destaca que os íons mais importantes considerados, quando se utiliza água tratada de esgotos, são o sódio, boro e cloretos;
- Degradação das condições físicas do solo.

Marques et al. (2003) apresentam critérios usualmente empregados para avaliar a qualidade de esgotos para fins de irrigação (Tabela 5.2).

Tabela 5.2. Diretrizes quanto à concentração de CE e STD para águas de irrigação

Parâmetro	Unidade	Restrição de uso		
		Nenhuma	Moderada	Severa
	Salinidade (fator limitante da disponibilidade de água para a cultura)			
CE	dS m^{-1}	<0,7	0,7-3,0	>3,0
STD	mg L-1	<450	450- 2.000	>2.000

Fonte: Marques et al. (2003).

Blum (2003) define quatro níveis de salinidade de águas para irrigação agrícola, em razão da tolerância de plantas, conforme segue:

Salinidade adequada a plantas sensíveis (Tabela 5.3) – Salinidade baixa o suficiente para ser utilizada na irrigação da maioria das plantas, na maioria dos tipos de solo, sem que ocorra aumento na salinidade natural do meio (solo), mesmo sem lixiviação;

Salinidade adequada a plantas moderadamente sensíveis (Tabela 5.3) – Águas que podem ser utilizadas com níveis moderados de lixiviação do solo. Plantas com tolerância moderada a sais podem ser cultivadas, na maioria dos casos, sem a necessidade de medidas especiais;

Salinidade adequada a plantas moderadamente tolerantes (Tabela 5.3) – A água não se presta à irrigação sob condições normais, mas pode ser utilizada ocasionalmente, sob condições muito especiais. O solo deve ser permeável e bem drenado, e a água, aplicada em altas taxas para permitir o arraste dos sais. Nesse caso, é recomendado o plantio de plantas tolerantes.

Salinidade adequada a plantas tolerantes (Tabela 5.3) – A água não se presta à irrigação sob condições normais, mas pode ser empregada em condições especiais. As considerações sobre o solo são as mesmas apresentadas para "salinidade adequada para plantas moderadamente tolerantes".

Tabela 5.3. Classificação de culturas quanto à tolerância a sais

Sensível			**Moderadamente sensível**			**Moderadamente tolerante**			**Tolerante**		
Cultura	**(1)**	**(2)**	**Cultura**	**(1)**	**(2)**	**Cultura**	**(1)**	**(2)**	**Cultura**	**(1)**	**(2)**
Ameixa	1,5	18	Arroz	3,3	13	Abobrinha	4,7	9,4	Algodão	7,7	5,2
Feijão	1,0	19	Alface	1,3	13	Soja	5,0	20	Aspargo	4,1	2,0
Laranja	1,7	16	Berinjela	1,1	6,9	Sorgo	6,8	16	Cevada	8,0	5,0
Pêssego	1,7	33	Brócolis	2,3	9,2	-	-	-	Tâmara	4,0	3,6
-	-	-	Milho	1,7	12	-	-	-	-	-	-
-	-	-	Tomate	2,5	9,5	-	-	-	-	-	-

(1) indica o nível de salinidade da zona radicular tolerável pelas plantas (salinidade limiar) medida em dS m^{-1}; (2) indica a redução em porcentagem (%)da produtividade relativa, em função do aumento da unidade de condutividade elétrica do extrato de saturação do solo.
Fonte: Blum (2003)

Sodicidade

O sódio excessivo na água da irrigação (quando o sódio excede o cálcio por mais do que uma relação de 3:1) contribui para a dispersão dos minerais de argila em partículas finas, que passam a ocupar muitos dos espaços de poros menores, ou se movimentam descendentemente, selando a superfície e reduzindo as taxas de infiltração da água no solo. Nesse contexto, o crescimento vegetal é afetado pela indisponibilidade de água no solo, e não pela interferência na absorção desta pelas plantas (TANJI, 1990 *apud* USEPA, 2004).

Com respeito à estrutura do solo, os íons de cálcio e de magnésio agem como estabilizadores, em contrate com o íon desestabilizador sódio, uma vez que, no intercâmbio de cátions, a tendência é de o Mg e o Ca substituírem o Na (Marques et al., 2003). Nesse sentido, o efeito potencial do sódio para os solos pode ser avaliado por meio de uma relação entre os três elementos (Na: Ca: Mg), expressa pela razão de adsorção de sódio (RAS), conforme Eq. 5.1.

$$RAS = Na^{+}/[(Ca^{++} + Mg^{++}/2)]^{1/2} \qquad (5.1)$$

Em que:
Na = Teor de sódio na água de irrigação (meq L^{-1});
Ca = Teor de cálcio na água de irrigação, ou em equilíbrio na solução do solo (meq L^{-1}); Mg = Teor de magnésio na água de irrigação (meq L^{-1}).

Uma vez que o risco de salinização, associado ao uso de águas com baixa qualidade, requer seleção de culturas com apropriada tolerância a sais, melhoras na administração da irrigação e manutenção da estrutura e da permeabilidade do solo, alguns critérios de qualidade devem ser observados quando do planejamento do reuso na irrigação (Tabela 5.4). .

Tabela 5.4. Critérios de qualidade de água quanto à prevenção da salinização

Constituinte	**Limite recomendado**	**Efeitos**
pH	6.0	A maioria dos efeitos do pH sobre o desenvolvimento de plantas é indireto.
STD	500 - 2.000 mg L^{-1}	Abaixo de 500 mg L^{-1},nenhum efeito nocivo notado. Entre 500 e 1.000 mg L^{-1} , STD em águas de irrigação podem afetar sensivelmente as plantas. De 1.000 a 2.000 mg L^{-1}, podem afetar muitas plantas, e práticas cuidadosas devem ser seguidas. Acima de 2.000 mg L^{-1}, a água pode ser usada somente em plantas tolerantes e em solos bem permeáveis.
Cloro Residual Livre	<1 mg L^{-1}	Concentrações maiores que 5 mg L^{-1} causam severos prejuízos à maioria das plantas. Algumas espécies mais sensíveis podem ser afetadas com níveis abaixo de 0,05 mg L^{-1}.
Cloretos	100-350	Teores abaixo de 100 mg L^{-1} não acarretam nenhum efeito prejudicial. Acima de 100, podem causar problemas de adsorção foliar e, em menor grau, de adsorção pela raiz. Acima de 350, podem acarretar problemas graves.
Sódio – foliar	<70	Concentrações superiores a 70 mg L^{-1} podem acarretar prejuízos à planta, em razão da adsorção foliar.
Sódio-Absorção pela Raiz	SAR 3-9	Valores de RAS inferiores a 3 não causam nenhum prejuízo; entre 3 e 9, podem ocorrer prejuízos moderados e, acima de 9, esses prejuízos podem ser graves.

Fonte: Rowe e Abdel-Magid, (1995) *apud* USEPA (2004); Blum (2003)

5.2.3 **Risco químico por metais**

Embora as frações de metais sejam pequenas em esgotos de origem doméstica (Paganini, 2003), em efluentes industriais, o mesmo não costuma acontecer; por isso a segurança quanto à sua ausência em atividade de irrigação deve ser garantida, uma vez que cada efluente e cada solo possuem características particulares. Essa perspectiva deve prevalecer, e ainda se deve considerar o exposto por Amaral Sobrinho et al. (1992), que ressaltam que o aumento do teor de elementos traço no solo, pela aplicação de fertilizantes, pode levar décadas, e que não só a concentração do elemento no insumo, mas também a dose aplicada deve ser levada em consideração, quando se pretende calcular a carga de elemento traço adicionado ao solo.

A expressão "metal pesado" refere-se a metais com uma densidade maior que certo valor, em geral 5 ou 6 g cm^{-3}. Segundo Mazur (1997), a expressão "metais traços", ou "elementos traços", pode ser utilizada como nomenclatura alternativa, referindo-se a qualquer elemento presente em quantidades traços, ou seja, abaixo de 100 mg kg^{-1}, na natureza. Para USEPA (2004), os metais pesados conhecidos, de maior importância quanto à contaminação, são, de acordo com sua solubilidade, Cd>Zn>Ni>Cu>Pb>Cr. Em se tratando de sua infiltração e da percolação no solo, são diretamente influenciadas por propriedades do solo, tais como umidade, conteúdo de matéria orgânica, acidez, entre outras (Silva & Fay, 1997).

Segundo Wild (1993), a principal fonte de cádmio em solos são os fertilizantes fosfatados, os quais, em geral, apresentam concentrações de aproximadamente, 7 μg g^{-1}. Contudo, segundo o mesmo autor, esse valor varia de acordo com a fonte de fosfato rochoso utilizada no beneficiamento do fertilizante, embora a quantidade de cádmio adicionada ao solo seja maior em uma aplicação de lodo de esgoto industrial que em uma aplicação normal de fertilizante.

Em soluções aquosas, o cádmio é fracamente hidrolisado, sendo o íon predominante o Cd^{2+}. Em baixas concentrações na solução do solo, ele é adsorvido por minerais de argila, incluindo os óxidos de alumínio e magnésio. Esse elemento também é fortemente adsorvido por carbonato de cálcio, sendo, na matéria orgânica, a intensidade de adsorção menor que o cobre e o chumbo. De maneira resumida, a adsorção desse metal ocorre em função das propriedades do solo, bem como da espécie da planta e do cultivar (Wild 1993).

De acordo com Paganinni (2003), o cádmio é altamente tóxico às plantas e aos animais e, ao lado do mercúrio, o metal mais tóxico para o ser humano. Sua absorção pelas plantas é maior quanto mais rico for o solo quanto a esse elemento, sendo diminuída com o aumento do pH (Wild 1993). Devido a sua similaridade com o zinco, as plantas o absorvem quando presente em águas de irrigação (Baird, 2002). Quanto aos efeitos sobre a saúde humana, Silva et at. (2001) mencionam: câncer, queda da imunidade, aumento da próstata, enfraquecimento ósseo, dores nas articulações, anemia, enfisema pulmonar, osteoporose e perda de olfato.

O zinco é fortemente adsorvido pelos colóides do solo, o que ajuda a diminuir as perdas por lixiviação, aumentando o efeito residual. Por um lado, grandes quantidades de zinco podem ser "fixadas" pela fração orgânica do solo, e imobilizadas nos corpos de alguns microrganismos, o que induz ao aparecimento de deficiências (Lopes, 1999). Segundo Paganini (2003), a percolação de sais pode carrear o elemento profundamente no perfil do solo, ocorrendo o contrário em solos alcalinos ou calcáreos, onde o zinco pode ser retido em grandes quantidades, dada a capacidade de troca catiônica.

Embora o zinco seja metal essencial ao organismo humano, animal e vegetal, dependendo da concentração (500 ppm) presente, pode tornar-se tóxico às plantas (Paganini, 2003). Quando afetado, o organismo humano pode apresentar sensações como: paladar adocicado e secura na garganta, tosse, fraqueza, dor generalizada, arrepios, febre, náuseas, vômitos (SILVA et at., 2001).

O níquel tem, como principal origem geoquímica, as rochas magmáticas que contêm até 3600 mg kg^{-1} do elemento. Já as rochas alcalinas e sedimentares apresentam baixos teores do metal (Reis, 2002). O saber sobre o comportamento e a adsorção do níquel ainda é relativamente escasso, quando comparado as de outros metais pesados, sobretudo considerando-se as diferentes condições de solo, as formas químicas em que o metal é adicionado e as espécies vegetais presentes.

O níquel apresenta níveis tóxicos para algumas plantas, a partir de concentrações de 0,5 mg L^{-1}. No que se refere à saúde humana, o níquel pode causar: câncer, dermatite de contato, gengivite, erupções na pele, estomatite, tonturas, dores articulares, osteoporose e fadiga crônica (Silva et at., 2001). Paganini (2003) ressalta que a contaminação antrópica por esse elemento é rara, exceto quando se faz disposição de efluentes de atividades agrícolas, onde o elemento é largamente utilizado como fungicida.

No solo, o cobre pode formar complexos tão estáveis com a matéria orgânica que somente pequenas quantidades são disponíveis para as plantas (Lopes, 1999). Quando nessa forma de complexo orgânico, o cobre move-se vagarosamente, permanecendo nas camadas superficiais (Paganini, 2003). Por outro lado, em solos arenosos e com baixa quantidade de material orgânico, esse metal tende a ser lixiviado. O cobre pode ser altamente tóxico às plantas e aos animais quando na forma iônica, mas bem menos quando na forma orgânica.

Segundo Baird (2002), geralmente o chumbo não constitui um problema ambiental até que venha a dissolver-se e a produzir a forma iônica. Embora as plantas não transportem consideráveis quantidades de chumbo para suas partes superiores (raramente concentrações acima de 10 mg L^{-1}), em contraposição ao acumulado nas raízes (centenas de mg L^{-1}), a presença desse elemento pode inibir o crescimento celular. Muito embora não tenham sido observados efeitos fitotóxicos em concentrações de até 200 ppm de chumbo solúvel acrescido ao solo (Paganini, 2003), no organismo humano, o chumbo permanece, podendo ser acumulado por vários anos. Contudo sua toxicidade é proporcional à quantidade presente nos tecidos macios, e não à que se encontra no sangue, ou nos ossos (Baird, 2002).

O cromo é um elemento químico de transição da tabela periódica e apresenta-se sob duas formas, na valência (III) positiva e (VI) positiva. É o vigésimo elemento químico mais abundante na crosta terrestre. Níveis de cromo equivalentes a 9,7 mg L^{-1} são esperados na água; valores acima de 50 mg L^{-1} são considerados tóxicos. Níveis de cromo de valência seis positiva, equivalentes a 100 mg L^{-1}, causam necrose no fígado, nefrite e morte. Níveis menores podem causar irritação na mucosa do estômago. A população, em geral está exposta ao cromo pela inalação do ar e pela ingestão de água e de alimentos contaminados. A toxicidade do cromo depende do seu estado de oxidação, sendo o cromo (VI) de maior toxicidade que o cromo (III). Acredita-se que o fato se deva ao maior poder de penetração celular do cromo (VI).

A presença de cromo na água subterrânea pode relacionar-se à contribuição de rochas, que são fontes naturais. Também pode ser disponibilizado por meio de atividades antrópicas, relacionadas a processos químicos: a cromita é transformada em vários produtos químicos essenciais. Fontes não naturais de cromo também ocorrem em lixões, incineradores, aterros sanitários, aterros industriais, bem como em disposições de resíduos como lodo de curtumes.

5.3 Aplicação de efluentes na área agrícola

A irrigação de culturas agrícolas com água residuária foi introduzida, inicialmente, em propriedades rurais na Europa, na América do Norte e na Austrália, tornando-se popular em fins do século XIX e início do século XX. Porém, com o desenvolvimento de modernos sistemas de tratamento das águas residuárias e do cuidado contra a contaminação por microrganismos, reduziu-se significativamente, o uso dessas águas para fins de irrigação, tornando-se menos popular, e praticamente desaparecendo, por completo, logo após a Primeira Guerra Mundial (STEIN & SCHWARTZBROD, 1990).

Nos últimos anos, recrudesceu aa adoção dessa prática, tanto em países industrializados como nos em desenvolvimento, devido a fatores como a escassez de água, especialmente em zonas áridas, semiáridas e em regiões subtropicais, onde ocorre elevada concentração populacional e industrial, resultando em maior demanda, que oferta, de água. Assim, diversos fatores contribuíram para o retorno do uso de água residuária em áreas agricultáveis, tais como: o reconhecimento da presença de nutrientes no esgoto doméstico, que possibilitam a redução nas despesas com fertilizantes, o custo elevado das estações de tratamento avançado de efluentes; a melhor aceitação sociocultural e o reconhecimento do valor dessa prática como responsável pelo planejamento; o melhor uso da água e o avanço tecnológico.

Estudos efetuados em diversos países demonstraram que a produtividade agrícola aumenta, significativamente, em áreas fertirrigadas com águas residuárias, desde que sejam adequadamente manejadas. Shendec (1985) comparou o rendimento anual de algumas culturas e comprovou que os cultivos fertirrigados com águas residuárias apresentaram maior rendimento do que os irrigados com água limpa e fertilizados com adubos químicos. Apesar das vantagens do uso da água residuária na agricultura, sua utilização de maneira inadequada, pode contaminar o ar, os solos e as plantas nos campos irrigados e nas áreas vizinhas, trazendo alguns riscos, como: contaminação microbiológica dos produtos agrícolas e do lençol freático; acumulação de elementos tóxicos; desequilíbrio de nutrientes; salinização e impermeabilização do solo (LÉON SUEMATSU; CAVALLINI, 1999). A magnitude da contaminação depende do tratamento que as águas recebam, das condições climáticas predominantes, da cultura e do próprio sistema de irrigação utilizado. Portanto a aplicação da água residuária, via irrigação, requer muito cuidado quanto à escolha do método mais adequado, uma vez que os demais critérios de escolha não são restritivos. Todavia, estabelecendo como critério de seleção a qualidade da água, a subirrigação por tubulações e a irrigação por gotejamento são indicados como os sistemas mais seguros, no que se refere á contaminação, uma vez que existe menor contato do irrigante, ou da parte aérea da planta, com o efluente.

A decisão sobre como tratar as águas residuárias deve considerar os níveis de purificação desejados, relacionados a determinada técnica de aplicação agrícola. Vários aspectos devem ser considerados, incluindo os riscos de contaminação do lençol freático pela percolação de nutrientes, ou pelo perfil do solo e os riscos à saúde pública. Também se devem considerar os efeitos benéficos do uso de água residuária na irrigação agrícola, como a diminuição dos custos com fertilizantes, dos impactos ambientais e da recarga de aquíferos.

As técnicas para aplicar o efluente em área agrícola podem ser divididas em duas categorias: aquelas pelas quais se aplica o efluente bruto no solo, como são os casos dos métodos que usam percolação e escoamento superficial, obtendo o tratamento da água, e os métodos de irrigação que utilizam o efluente tratado por algum sistema.

5.4 Características físico-químicas dos efluentes e seus efeitos sobre as plantas

A qualidade da água é definida segundo o uso pretendido, como o industrial, o urbano, o agrícola etc. Os requisitos de qualidade relacionam-se às características biológicas, físicas e químicas, sendo que, dependendo da composição destes, impacto negativo no sistema solo-água-planta e até mesmo no desempenho dos equipamentos de irrigação. De modo geral, as características que determinam a qualidade da água para irrigação devem ser analisadas quanto a cinco parâmetros básicos: 1) concentração total de sais (salinidade); 2) proporção relativa de sódio; 3) concentração de elementos tóxicos; 4) concentração de bicarbonatos e 5) aspectos sanitários (Bertone, 1986).

Algumas características físicas são de grande importância para essa avaliação, como é o caso do odor, da cor, da temperatura e dos sólidos totais presentes, o último, o mais importante, quando se trata de aplicação agrícola. Geralmente, tais parâmetros não limitam o uso da água via irrigação, quando utilizado sistema de tratamento eficiente, associado a bom sistema de filtragem.

Uma das características químicas a avaliar é a relação entre os principais cátions do efluente, como cálcio, magnésio, sódio e potássio. Essa relação é, usualmente, medida pela razão de absorção de sódio (RAS). Quando a relação de sódio com outros cátions, principalmente cálcio e magnésio, é muito elevada (maior que 26), o sódio tende a substituir os íons de cálcio e de magnésio nas partículas de solo, diminuindo sua permeabilidade (ANDRADE NETO, 1992).

Um efluente com tratamento secundário tem uma RAS, em geral, de 2,7, valor no qual são diminutos os efeitos negativos de sódio na irrigação, mais comuns para valores maiores que 10 (efeito médio), 18 (efeito negativo alto) e 26 (muito alto) (MELO, 1978). O valor crítico de RAS na solução do solo é, aproximadamente, 13 e o valor desejável, de 9,0. Para o caso da demanda bioquímica de oxigênio (DBO), na faixa de 50 a 70 mg de O_2L^{-1}, podem ser aplicados ao solo sem causar problemas. Os efeitos do excesso de sódio são mais lentamente sentidos pelas plantas, quando comparados aos do íon cloreto, devido à restrição de absorção do íon sódio pelas raízes. Na Tabela 5.5, são apresentam-se alguns limites para elementos-traço em águas residuárias, para uso em irrigação.

Tabela 5.5. Limites recomendados para elementos-traço em águas residuárias utilizada na irrigação.

Parâmetro	Uso a longo prazo*	Uso a curto prazo**
	------------------ mg L^{-1}	-------------------
Boro	0,75	2,0
Cobalto	0,05	5,0
Cobre	0,2	5,0
Manganês	5,0	10,0
Molibdênio	0,01	0,05
Zinco	2,0	10,0

* Água utilizada continuamente em todo o solo

** Água utilizada por período acima de 20 anos em solos de textura fina, neutros ou alcalinos

Fonte: Adaptado de Crook (1991)

A alta concentração de boro prejudica o desenvolvimento das plantas; essa faixa pode ser encontrada em efluente doméstico, normalmente entre 0,5 e 1,0 mg L^{-1}, podendo atribuir-se ao uso de componentes à base de boro em produtos de limpeza.

O manganês é absorvido pelas plantas como Mn^{2+}, sendo prejudicado pelas altas concentrações de potássio, cálcio, magnésio, cobre, zinco e sódio (MALAVOLTA,1980).

O zinco é absorvido pelo sistema radicular de forma ativa; porém é inibido pelo cobre e pelo ferro, enquanto o magnésio tem efeito de inibi-lo mais facilmente que o cálcio; a literatura descreve claramente que a deficiência de zinco é induzida pelo fósforo em altos níveis.

Em se tratando de aplicação de água residuária, a composição química existente, normalmente, não causa nenhum tipo de inconveniente, sendo, na maioria das vezes, benéfica para as culturas, fornecendo quantidades suficientes para atender à demanda da cultura. No entanto, em situações em que a concentração de nutrientes na água residuária é consideravelmente alta, assim como o tempo de aplicação sem qualquer controle, poderá surgir algum problema de toxidez do solo e do lençol freático.

Na Tabela 5.6, apresentam-se alguns parâmetros para avaliar a qualidade da água de irrigação para hortaliças. Tais parâmetros referem-se aos níveis críticos, acima dos quais poderão ocorrer diversos problemas como: danos ao desenvolvimento das plantas; formação de resíduos, causando problemas, nos sistemas de irrigação utilizados, e reações químicas, afetando a disponibilidade de elementos minerais..

Tabela 5.6 Faixas de valores máximos para diferentes parâmetros na água de irrigação de hortaliças.

Parâmetro [1]	**Valores máximos**	**Parâmetro** [1]	**Valores máximos**	**Parâmetro** [1]	**Valores máximos**
pH	7,0 - 7,5	RAS[4]	3 - 6	Fe	0,2 - 4
Bicarbonatos	40 - 160	N^{total}	5 - 20	Mn	0,2 - 2
CE[2]	0,5 - 1,5	NO^{3-} - N	5 - 10	Cu	0,2 - 1
SDT[3]	325 - 32	NH_4^+ - N	0,5 - 5	Zn	1 - 5
Na	50 - 70	K	5 -100	B	0,5 - 1
Ca	100 - 200	P	30	Al	5
Mg	50 - 150	Cl	70 -100	Mo	0,01- 0,1

[1] Valores em mg L^{-1} com exceção do pH, CE e RAS

[2] CE: condutividade elétrica em dS m^{-1} (relação solo:água de 1:2)

[3] SDT: Sólidos dissolvidos totais

[4] RAS: Razão de absorção de sódio

Fonte: Ghey; Medeiros; Souza. (1999), Trani (2001).

5.5 Características biológicas e aspectos sanitários para a aplicação dos efluentes

O entendimento de que a utilização de esgotos para a irrigação envolve riscos à saúde é bastante conhecida. Entretanto estudos realizados em várias partes de mundo mostraram que os riscos à saúde, associados ao uso de água residuária, são mínimos e que determinados padrões de restrição a bactérias, muitas vezes, parecem restritivos demais.

A declaração de Engelberg, em 1985, constituiu uma tentativa de estabelecer as diretrizes para aproveitar águas residuária para a irrigação de culturas comestíveis, de campos de esportes e de parques públicos. Estabeleceu-se como padrão, por exemplo, que o número de nematóides não deve exceder a 1 ovo viável por litro, e que o número de organismos coliformes fecais não exceda ao NMP de 1000 coliformes por 100 mL, como mostra a Tabela 5.7.

Tabela 5.7. Padrões microbiológicos de qualidade de água residuária aplicada na área agrícola

Condição de reuso	**Grupo exposto**	**Tratamento para atingir a qualidade microbiológica requerida**	**Nematóides intestinal.* (ovos L^{-1})**	**Coliformes fecais** NMP$(100mL)^{-1}$**
Irrigação de culturas Consumidas cruas, de campos de esportes, de parques públicos	Operador consumidores e público	Série de lagoas de estabilização destinadas à aquisição da qualidade microbiológica indicada, ou tratamento equivalente	≤ 1	≤ 1000
Irrigação de cereais, cultura industrial, alimentos, pastagens e árvore	Operador	Retenção de lagoas de estabilização por 8-10 dias, ou remoção de helmintos e coliformes fecais equivalentes	≤ 1	Sem padrão recomendado
Irrigação localizada em culturas sem exposição de operador e público	Nenhum	Pré-tratamento requerido pelo método de irrigação, mas não inferior à sedimentação primária	Não aplicável	Não aplicável

* Nematóides intestinais (média aritmética do ovos por litro)
** Coliformes fecais (média geométrica do NMP por 100 mL)
Fonte: WHO (1989), *apud* Croock (1991)

Esgotos provenientes de zonas urbanas apresentam, como principais contaminantes, os agentes biológicos, já que normalmente, metais pesados, ou outros contaminantes de origem química, causam grande preocupação nos efluentes industriais. O risco de contaminação não se relaciona somente à presença de patógenos, como os vermes, os protozoários, as bactérias e os vírus, mas também à concentração que atinge a área irrigada, à persistência e à capacidade de multiplicação de cada espécie, de forma que possa atingir e infectar uma pessoa.

O uso de água residuária, sem os cuidados e as medidas de proteção, pode acarretar infecções e disseminar doenças. As medidas que se dispõem para alcançar esses propósitos são: o grau de tratamento do esgoto; a escolha da cultura; a adequação do método de irrigação e os cuidados pessoais dos envolvidos. O grau de tratamento a que o esgoto deve ser submetido, em função do tipo de cultura e da técnica de irrigação, pode ser visto na Tabela 5.8.

Tabela 5.8. Grau de tratamento dos esgotos, necessário em função do tipo de cultura e da técnica de irrigação

Tipo de cultura	Técnica de irrigação	Grau de tratamento
▪ Alimentos de consumo humano direto (legumes, verduras, frutas etc.)	- Aspersão - Inundação, ou canais e sulcos	- Exigente - Exigente
▪ Campos de esporte e áreas de recreação	- Gotejamento superficial, ou subsuperficial	- Moderado
▪ Cerealíferas ou industriais	- Aspersão - Inundação, ou canais e sulcos	- Moderado - Baixo
▪ Forragens e pastagens	- Gotejamento superficial, ou subsuperficial	- Nenhum
▪ Árvore (bosques, reflorestamento etc.)	- Aspersão - Inundação, ou canais e sulcos - Gotejamento superficial, ou subsuperficial	-Baixo -Nenhum -Nenhum

Fonte: Melo (1978)

A avaliação microbiológica de águas residuárias é estabelecida pela presença de coliformes fecais e também de bactérias patogênicas, sendo alguns desses padrões estabelecidos no Brasil pela Resolução CONAMA 357 (2005), que estabelece a classificação das águas doces, salobras e salinas, do território nacional, para as várias aplicações, entre elas, a irrigação. Os índices estabelecidos para os coliformes totais e fecais podem ser encontrados na Tabela 5.9.

Tabela 5.9. Padrões para coliformes totais e fecais em corpos d'água.

Parâmetro	Classe 1	Classe 2	Classe 3
Coliformes totais NMP (100 mL^{-1})	1.000	5.000	20.000
Coliformes fecais NMP (100 mL^{-1})	200	1.000	4.000

Fonte: OMS (1995)

Para a irrigação irrestrita de culturas, em que exista risco de contaminação, a OMS (1995) recomenda os seguintes valores: Coliformes fecais de 1.000 $(100\ mL)^{-1}$ e ovos de helmintos de 1 por litro. Os valores-padrão da OMS para a utilização direta e irrestrita na irrigação, correspondem aos valores no Brasil para a Classe 2, após a diluição esgoto-receptor. Entende-se, como irrigação restrita, aquela usada para culturas comestíveis, parques públicos e campos de esportes; à irrigação irrestrita refere-se àquela destinada a plantações de árvore, pastagens, cultivos industriais, forrageiras e árvore frutíferas.

Os padrões de qualidade microbiológicos recomendados pela OMS (1995), assim como os preconizados por Brasil - Resolução CONAMA 357 (2005), podem ser atendidos pela adoção de técnicas adequadas de tratamento do esgoto e pela aplicação do conhecimento, adquirido em cursos de graduação e pós-graduação, por profissionais da área.

A Organização Mundial de Saúde destaca, como de grande importância a qualidade biológica da água de irrigação, de modo a minimizar a ocorrência de doenças transmitidas por bactérias, vírus, protozoários e vermes. De acordo com a OMS, o risco real à saúde pública, associado ao uso de esgotos em agricultura e aquicultura, ocorre somente se todas as seguintes condições estiverem presentes:

- a dose de determinado organismo patogênico que causa infecção deve manter-se até a chegada ao campo, ou à lagoa irrigada, ou o organismo multiplicar-se no local até atingir a dose infecciosa;
- a dose que causa infecção atingir o hospedeiro, neste caso, o homem;
- o hospedeiro se infectar;
- a infecção causar doença, ou for transmitida para outros.

A resolução CONAMA 357 (2005) apresenta as diferentes classes de água salobra, salina e doce. Para a água doce, há quatro classes, podendo as águas de classe 1, 2 e 3 ser utilizadas para irrigação de culturas agrícolas, obedecendo a alguns critérios qualitativos, definidos na resolução.

Na Tabela 5.10, apresentam-se as classes de água utilizadas para irrigação, utilizando diferentes culturas, bem como os limites de concentração de poluentes.

Tabela 5.10. Padrões de qualidade das águas utilizadas em irrigação de diferentes culturas e limitações nas concentrações de poluentes

Classe do efluente	Tipos de usos	Exemplos de Limites de concentração de poluentes
Classe 1	Hortaliças que são consumidas cruas e de frutas que se desenvolvem rentes ao solo e que sejam ingeridas sem remoção da película	Coliformes fecais: ≤ 200 (100mL)[1] Turbidez: ≤ 40UNT $DBO_{5,20}$: ≤ 3,0 mg L^{-1} Sólidos dissolvidos totais: ≤ 500 mg L^{-1} Fósforo total: ≤ 0,1 mg L^{-1} P Mercúrio: ≤ 0,0002 mg L^{-1} Hg 2,4-D: ≤ 4,0 mg L^{-1}
Classe 2	Irrigação de plantas frutíferas, parques, jardins, hortaliças, campos de esporte e lazer onde o público tenha contato	Coliformes fecais:≤ 1000 por 100mL Turbidez: ≤ 100UNT $DBO_{5,20}$: ≤ 5,0 mg L^{-1} Sólidos dissolvidos totais: ≤ 500 mg L^{-1} Fósforo total: ≤ 0,1 mg L^{-1} P Mercúrio: ≤ 0,0002 mg L^{-1} Hg 2,4-D: ≤ 4,0 mg L^{-1}
Classe 3	Irrigação de culturas arbóreas, forrageiras e cerealíferas	Coliformes fecais: ≤ 2500 por 100mL Turbidez: ≤ 100 UNT $DBO_{5,20}$: ≤ 3,0 mg L^{-1} Sólidos dissolvidos totais: ≤ 500 mg L^{-1} Fósforo total: ≤ 0,15 mg L^{-1} P Mercúrio: ≤ 0,002 mg L^{-1} Hg 2,4-D: ≤ 30,0 mg L^{-1}

[1]Ambiente lótico

Fonte: Brasil (2005b)

5.6 Métodos para a aplicação da água via irrigação

Os métodos mais indicados para aplicar efluente tratado em culturas agrícolas são: irrigação por aspersão, irrigação por superfície e irrigação localizada. A seleção do método mais adequado para aplicar a água residuária deve considerar vários fatores, tais como: os econômicos, os tipo de cultura, a natureza do solo e sua topografia, além dos riscos para a saúde dos trabalhadores, de contaminação da cultura, de formação de aerossóis e odores e possíveis danos ao sistema de irrigação.

A irrigação com efluente de esgoto bruto normalmente é realizada com sua disposição no solo com cultura, com descarga controlada, de forma a não comprometer o desenvolvimento das culturas e a qualidade ambiental. O uso de efluentes tratados reduz os problemas que se podem ocasionar por esgoto não tratado; mesmo assim, a quantidade aplicada deverá ser controlada, conforme a necessidade hídrica e nutricional da cultura a tolerância à poluição ambiental.

A aplicação de água residuária, via irrigação, pode ser também analisada em função do risco sanitário que se pode correr, podendo agrupar-se os métodos de irrigação em três categorias: irrigação localizada (gotejamento ou microaspersão) e irrigação subsuperficial; irrigação por superfície e irrigação por aspersão.

5.6.1 Método por irrigação localizada

Na irrigação localizada, a água é aplicada em cada planta individualmente, ou em forma de faixa, a uma taxa de aplicação baixa e frequente, sendo, normalmente, a água fornecida diariamente, ou a cada dois dias, mantendo sempre úmida a região radicular e favorecendo a absorção de água pelas plantas. Podem-se utilizar, como emissores, os microaspersores, os gotejadores superficiais e os subsuperficiais.

O sistema de aplicação de efluente por irrigação localizada, em particular por gotejamento superficial ou subsuperficial, apresenta como característica hidráulica básica, a utilização de emissores que operam a baixas vazões. Portanto o entupimento de emissores constitui o principal problema associado à operação de tais sistemas. Se os emissores forem obstruídos em curto espaço de tempo, as técnicas para recuperá-los aumentam os custos de manutenção, além da possibilidade de a eficiência reduzir-se, o que, normalmente, leva o agricultor a abandonar o sistema e a buscar por outro método de irrigação.

A irrigação por gotejamento constitui em um dos sistemas mais apropriados para aplicar a água residuária, com a grande vantagem de automação e economia de energia. Além disso, apresenta baixo risco de contaminação dos operadores no campo e do produto final, uma vez que o contato direto com folhas e frutos pode ser evitado. Esse procedimento é de grande importância em águas que apresentem organismos nocivos à saúde humana. A aplicação de água residuária, via a irrigação por gotejamento, não apresenta restrição quanto a riscos sanitários, quando tomados os devidos cuidados. No entanto recomenda-se o tratamento prévio, exigido por esse sistema, associado a uma montagem que possibilite minimizar os problemas de entupimento, principalmente.

- **Problemas relacionados ao entupimento**

Dentre as práticas utilizadas para reduzir os problemas de obstrução dos emissores, destaca-se a filtragem e a cloração, que atuam na prevenção do entupimento. A combinação dessas técnicas para solucionar o problema deve ser eficiente, com custo acessível ao produtor, alem de não apresentar risco à saúde humana e ao meio ambiente e de não causar danos às culturas.

O sistema de irrigação por gotejamento, comparado a outros sistemas, requer atenção especial quanto à inspeção de seu funcionamento, no que diz respeito à qualidade da água, à vazão e à pressão, estes últimos de fácil medição no final das linhas laterais. A ideia é garantir que o sistema opere conforme definido no projeto.

Nesse panorama, o monitoramento da qualidade da água constitui fator importante, abrcando análises de ferro total, manganês, cálcio, magnésio, condutividade elétrica, sólidos suspensos (SS), sólidos dissolvidos (SD), demanda bioquímica de oxigênio (DBO), conteúdo de microrganismos presentes e oxigênio dissolvido (OD). Utilizando um ou mais dos critérios acima, é possível avaliar o potencial de entupimento dos emissores. Uma vez entupidos, as soluções são a troca dos emissores e, em alguns casos, os processos de recuperação. Entretanto esse processo,além de aumentar os custos de manutenção, em alguns casos, são ineficientes. Portanto, a prevenção é sempre a melhor alternativa. Na Tabela 5.11, apresentam-se os critérios para a análise do potencial das águas para a ocorrência de entupimento dos emissores em função dos fatores limitantes.

Tabela 5.11. Critérios para classificar o potencial de risco do entupimento das águas residuárias em irrigação localizada

Fator limitante	Unidade	Grau de restrição ao uso		
		Nenhum	**Leve-moderado**	**severo**
Sólidos suspensos	mg L^{-1}	<50	50-100	>100
pH	mg L^{-1}	<7	7-8	>8
Sólidos dissolvidos	mg L^{-1}	<500	500-2000	>2000
Manganês	mg L^{-1}	<0,1	0,1-1,5	>1,5
Ferro	mg L^{-1}	<0,1	0,1-1,5	>1,5
Sulfeto de hidrogênio	mg L^{-1}	<0,5	0,5-2,0	>2,0
População bacteriana	*UFC mL^{-1} (máximo)	<10000	10000-50000	>50000

*Unidades Formadoras de Colônia

A formação de limos (biofilmes) ocorre mais facilmente na presença de alta concentração de bactérias (>10.000 mL^{-1}), de alta quantidade de sólidos em suspensão (> 100 ppm), de ferro e magnésio (> 1,5 ppm) e de sólidos dissolvidos totais (> 2.000 ppm). Portanto todos os fatores que causam o entupimento estão relacionados ao material suspenso, ao crescimento biológico e à precipitação química no sistema de irrigação como um todo. Além disso, a baixa velocidade do fluxo (<0,50 m s^{-1}) e o pequeno diâmetro dos emissores (0,5 mm a 1,5 mm) facilitam o entupimento por crescimento biológico. Outros fatores de grande importância são: a geometria de passagem da água, devendo ser priorizada aquela que não apresente zona morta dentro do conduto de passagem, sendo preferíveis emissores não autocompensantes àqueles autocompensantes e emissores com menor área exposta à evaporação. Os emissores mais indicados para aplicar a água residuária, apesar da possibilidade de ocorrência de crescimento microbiano devido à deposição de impurezas orgânicas, são os autolimpantes, enquanto os menos indicados são os microtubos.

■ Técnicas para minimizar os problemas de entupimento

As águas residuárias, principalmente aquelas de origem doméstica, podem apresentar diferentes classificações qualitativas conforme o ano, a estação, o dia, ou mesmo cada hora; portanto, muitas vezes, é necessário utilizar diferentes tratamentos físicos, químicos e biológicos antes de utilizar o efluente.

Existem diversas medidas que se podem adotar isoladas ou em conjunto: melhorias no equipamento, correto manejo do sistema, filtragem, cloração, descarga periódica de água no final da linha de irrigação, uso de hidrociclone, uso de substâncias como ácido sulfúrico, ácido fosfórico, ácido clorídrico, ácido peróxido acético, amônia, ozônio e de inibidores químicos adicionados ao material plástico dos emissores, tais como trifluralina e sulfato de cobre, radiação ultravioleta, biofiltros (retirada de nitrogênio, fósforo, argila e algas em excesso), aeração da água nas lagoas (oxidação de ferro e manganês, e volatilização de ácido sulfídrico antes de entrar no sistema), irrigação com vazão em pulsos e ar comprimido.

Muito cuidado deve-se ter quando da escolha de uma, ou mais, das medidas combinadas, pois em alguns casos, dependendo da situação, podem não ser eficientes, ter custos elevados, danificar os emissores, apresentar riscos à saúde humana e não apresentar os resultados desejados.

Normalmente se utiliza uma combinação de sistemas com filtros associados ao tratamento químico, inspeção em campo e lavagem das laterais. Tem sido muito utilizado o tratamento com cloração. Na Tabela 5.12, estão apresentados alguns valores indicativos de cloro para utilizar na prevenção de problemas causadores de entupimentos.

Tabela 5.12. Cloro residual livre para controle de precipitados e de componentes orgânico em sistemas de irrigação

Forma de uso	**Cloro**	**Poluente**
Contínua	0,5 a 1 mg L^{-1}	Algas
Nos últimos 20 minutos de irrigação	20 mg L^{-1}	Algas
Não descrita	3,6 a 8,4 vezes o teor de H_2S	Sulfeto de hidrogênio
Não descrita	1 mg L^{-1} acima do conteúdo de ferro	Ferro-bactérias
Não descrita	0,64 vezes o conteúdo de Fe^{2+}	Ferro
Não descrita	1,3 vezes o conteúdo de Mn	Manganês
Manutenção ao final das linhas laterais	1 mg L^{-1}	Limo

Fonte: Keller & Bliesner (1990)

A irrigação por gotejamento subterrâneo consiste na aplicação de água utilizando-se emissores enterrados no solo. Tal sistema permite aplicar quantidades precisas de água diretamente na zona radicular das plantas. Os equipamentos usados em irrigação por gotejamento subterrâneo possuem quatro formas básicas: fita gotejadora, mangueira perfurada, tubulação porosa e emissores individuais anti-raiz (ainda em fase de estudo).

A irrigação por gotejamento subterrâneo constitui uma nova tecnologia que vem sendo utilizada em sistemas de aplicação de água residuária como alternativa aos sistemas convencionais de aplicação. O gotejamento enterrado possibilita prever melhor controle da taxa de aplicação, assim como minimizar os riscos de contaminação das águas subterrâneas.

No momento da escolha do método, qualquer que seja ele, é importante que se analisem alguns fatores determinantes para a seleção, bem como alguns cuidados que se devem tomar:

- **Fatores importantes para a seleção do método de irrigação localizada:**
  - forma de irrigação- gotejamento e microaspersão;
  - declividade - adaptável a diversas condições;
  - taxa de aplicação- adaptável às mais diversas condições;
  - sensibilidade da cultura ao molhamento - menor efeito de doenças comparado à aspersão e permitir umedecimento parcial da área;
  - efeito do vento - nenhum no caso de gotejamento.

- **Fatores que afetam a seleção do método de irrigação:**
  - custo elevado;
  - maior eficiência de uso de água;
  - maiores produtividades;
  - dispensada a sistematização;
  - fácil adaptação a terrenos com declive elevado;
  - menores restrições de qualidade da água, em termos de efeito sobre o solo (físico-químicos) e as plantas, e riscos potenciais à saúde;
  - maiores restrições à qualidade da água em termos de operação dos sistemas de irrigação.

- **Cuidados necessários na utilização de efluentes:**
  - pré-tratamento da água para evitar a obstrução dos emissores, principalmente no caso do gotejamento;
  - necessidade de cuidados com a formação de aerossóis (microaspersão) e proteção do pessoal que opera o sistema de irrigação.

5.6.2 Método de irrigação por superfície

A irrigação por superfície pode ser realizada por sulcos, faixas ou inundação, devendo o projetista adequar o sistema ao tipo de cultura, de solo, à disponibilidade hídrica e à qualidade do efluente. A distribuição da água ocorre por gravidade. As elevadas concentrações de sólidos totais, sódio, óleos e graxas nas águas de qualidade inferior podem alterar a infiltração de água no solo e, consequentemente, o desempenho do sistema de irrigação.

O sistema por inundação apresenta alguns problemas que acabam limitando seu uso em algumas áreas, principalmente naquelas mais próximas da população. O acúmulo de água pode favorecer o aparecimento de vetores transmissores de doenças, o que o torna um fator limitante. Além disso, é necessária uma proteção completa para operários, agricultores, consumidores e manuseadores das culturas. Como vantagem, o terreno utilizado não necessita de nivelamento preciso para a aplicação da água.

A irrigação por sulcos, assim como por faixas, não apresenta grandes problemas, desde que seja respeitada uma adequada frequência de irrigação, pois permite menor contato com a parte aérea da planta. Esse sistema possibilita a saturação de apenas uma parcela da superfície do solo, tendo o baixo custo de manutenção. O uso de sulcos apresenta baixo custo fixo e/ou inicial, sendo necessário nivelamento do terreno e um sistema de proteção para as pessoas, conforme mencionado para a inundação.

A irrigação por superfície é uma alternativa para utilizar quando a qualidade da água for questionável quanto à presença de elementos microbiológicos. Além disso, possibilita reduzir problemas de contaminação das culturas agrícolas, quando comparada à microaspersão e à aspersão. A seguir apresentam-se, de forma resumida, os fatores determinantes para a seleção do método, bem como alguns cuidados que se devem tomar:

- **Fatores importantes para a seleção do método de irrigação por superfície:**

  - forma de irrigação- inundação, sulcos e faixas;

  - declividade - área plana ou nivelada artificialmente, com limite de 1%; maiores declividades podem ser empregadas com os devidos cuidados de dimensionamento;

  - taxa de aplicação- não recomendada para solos com taxa de infiltração acima de 25 mm h^{-1}, ou com taxa de infiltração muito baixa;

  - sensibilidade da cultura ao molhamento – adaptável à maioria das lavouras; pode ser prejudicial às culturas que não toleram água na raiz;

  - efeito do vento- nenhum problema a considerar.

- **Fatores que afetam a seleção do método de irrigação:**

  - sistematização do terreno;
  - custo mínimo;
  - melhor adaptação a terrenos planos ou suavemente ondulados;
  - eficiência de uso de água;
  - maiores riscos de contaminação da água subterrânea.

- **Cuidados necessários na utilização de efluentes:**

  - adequada seleção de culturas;

  - proteção dos agricultores e pessoais que operam o sistema de irrigação; e,

  - manejo adequado da irrigação para minimizar riscos de contaminação do lençol.

5.6.3 Método de irrigação por aspersão

Pelo método de irrigação por aspersão, jatos de água lançados ao ar caem sobre as culturas na forma de chuva. As principais características do método são: a facilidade de adaptação às diversas condições de solo e topografia;

a maior eficiência de distribuição de água, quando comparado aos métodos de superfície; a menor eficiência na distribuição da água, comparado ao sistema localizado, e a possibilidade de automação. Os métodos utilizados são a aspersão convencional, o pivô central e o autopropelido, com carretel enrolador. Um grande problema desses métodos é que, no caso de uso de águas de qualidade inferior, podem gerar problemas de corrosão no equipamento (dependendo do tipo de material) e entupimento dos aspersores, particularmente quando não se maneja, adequadamente o sistema de aplicação. Em geral, as tubulações que conduzem água limpa não apresentam problemas de entupimento.

A irrigação por aspersão provoca o aumento da umidade em toda a superfície do solo e das culturas. A técnica é muito utilizada para a aplicação de vinhaça (subproduto obtido na produção de álcool) nos canaviais das fazendas, diretamente no solo, sem a necessidade de tratamento. Deve o produtor ficar atento à composição química da vinhaça, equilibrando a dosagem utilizada de acordo com o manejo para a aplicação. O sistema comumente utilizado para aplicar esse tipo de efluente é o autopropelido, com carretel enrolador, com o qual é possível utilizar menos mão-de-obra, embora, por outro lado, exija maior potência da motobomba, o que significa maior consumo de energia.

O uso de pivô central para a aplicação, tanto de águas com qualidade inferior quanto de vinhaça, não constitui uma boa alternativa, visto que o sistema exige equipamentos que resistam ao ataque corrosivo dos produtos químicos contidos nos efluentes, o que aumenta os custos iniciais. Além disso, existe o risco de proliferarem caramujos dentro das tubulações abastecidas com água residuária, capazes de proporcionar o entupimento dos aspersores.

Quando do uso de água residuária não tratada, o sistema por aspersão é mais recomendado para o cultivo de cereais e para pastagens, não sendo indicado para frutíferas e hortaliças, uma vez que existe a possibilidade de causar sérios danos às plantas e à saúde humana, já que a água entra em contato com a parte aérea da planta, o que pode proporcionar condições para o desenvolvimento de pragas e doenças. Porém, quando a água é tratada adequadamente, poderá ser utilizada em todas as culturas.

A aplicação de água residuária utilizando irrigação por aspersão é mais perigosa que outros métodos em termos de saúde pública, pelo aumento dos efeitos contaminantes nas culturas, devido ao alto contato entre o efluente e o vegetal. Além disso, pode formar aerossóis, contendo microrganismos, transportados pelo vento, o que possibilita a inalação de patógenos presentes nos aerossóis, por parte daqueles que operam o sistema de irrigação. Alguns fatores são relevantes no momento de escolha e na decisão sobre o uso de sistemas de irrigação por aspersão para aplicar a água residuária, como é o caso da eficiência no uso da água e, principalmente, os aspectos relacionados à cultura. Como requisito de sanidade, é importante que seja considerada uma distância mínima de 100 m do local a ser utilizado para irrigação, até as casas, garantindo maior segurança à saúde pública.

Os fatores determinantes para selecionar o método, bem como alguns cuidados a tomar são:

■ **Fatores importantes para a seleção do método de irrigação por aspersão:**

- forma de irrigação- pivô, autopropelido, aspersão convencional;
- declividade - adaptável a diversas condições;
- taxa de aplicação adaptável a diversas condições;
- sensibilidade da cultura ao molhamento - pode propiciar o desenvolvimento de doenças foliares;
- efeito do vento - pode afetar a uniformidade de distribuição e a eficiência de aplicação.

■ **Fatores que afetam a seleção do método de irrigação:**

- custo de médio a elevado;
- de média a boa eficiência no uso da água;
- dispensa de sistematização;
- dificuldade de utilização em local com declive elevado;
- maiores restrições de qualidade da água, em termos de efeito sobre plantas (toxicidade) e de riscos potenciais à saúde; muito utilizado na irrigação noturna.

■ Cuidados necessários na utilização de efluentes

- adequada seleção de culturas;
- proteção dos agricultores e das pessoas que operam o sistema de irrigação;
- manejo adequado da irrigação para minimizar os riscos de contaminação do lençol;
- proteção das comunidades circunvizinhas (riscos de aerossóis);
- prevenção de mau cheiro que efluentes anaeróbios podem provocar.

5.7 BIBLIOGRAFIA

AMARAL SOBRINHO, N.M.B.; COSTA, L.M.; OLIVEIRA, C.; VELLOSO, A.C.X. Metais pesados em alguns fertilizantes e corretivos. **Revista Brasileira de Ciência do Solo**, v.16, p.271-276, 1992.

ANDRADE NETO, C. O. O uso de esgotos Sanitárias e Efluentes Tratados na Irrigação. In: CONGRESSO NACIONAL DE IRRIGAÇÃO E DRENAGEM, 9, 1991, Natal, **Anais**... Natal: ABID, p.1961- 2006, Natal, RN, 1992.

BAIRD, C. **Química Ambiental**. 2. ed. Porto Alegre: Bookman, 2002.

BERTONE, C.R. **Waste stabilization ponds and reuse of effluents** (Summary). In: SEMINÁRIO REGIONAL DE INVESTIGATION SOBRE LAGUNAS DE ESTABILIZATION, Lima, Peru: Centro Panamericano de Ingenieria Sanitária y Ciência Del Ambiente - OMS/OPS, 1986. p.13-25.

BLUM, J.R.C. Critérios e Padrões de Qualidade da Água. In: MANCUSO, P. C. S; SANTOS, H. F. (Ed). **Reuso de água**. Barueri, SP: Malone, 2003. p. 125 - 126.

BRASIL. Agência Nacional de Vigilância Sanitária - ANVISA. **RDC 274**, de 22 de setembro de 2005. Aprovada o regulamento técnico para águas envasadas e gelo. **Diário Oficial da União**, Brasília, 23 set. 2005 b.

CONAMA - Conselho Nacional de Meio Ambiente. **Resolução 357**. Dispõe sobre a classificação dos corpos d'água e diretrizes ambientais para seus enquadramentos. Estabelece as condições e padrões de lançamento de efluentes, e dà outras providências. CONAMA, março de 2005.

CROOK, J. Quality criteria for reclaimed water. **Water Science Technology**. v.24, n.09, p.109-121, 1991.

FERNANDES, F. **Princípios do tratamento biológico de águas residuárias. Vol. 6. Lodo de esgotos: Tratamento e disposição final**. Belo Horizonte: Departamento de Engenharia Sanitária e Ambiental – UFMG, 2001.

KELLER, J.; BLIESNER, R. D. **Sprinkle and trickle irrigation**. New York: Van Nostrand Reinhold, 1990. 652 p.

LÉON S. G.; CAVALLINI, J. M. **Tratamento e uso de águas residuárias**. Campina Grande: UFPB, 1999. 109p.

LOPES, A. S. Micronutrientes: filosofias de aplicação e eficiência agronômica. **Boletim técnico,** São Paulo: ANDA – Associação Nacional para difusão de adubos, n. 8, 1999.

LOPES, A. S. Micronutrientes: filosofias de aplicação e eficiência agronômica. **Boletim técnico,** São Paulo: ANDA – Associação Nacional para difusão de adubos, n. 8, 1999.

MALAVOLTA, E. **Elementos de nutrição mineral de plantas**. Agronômica, São Paulo, 1980, 253p.

MARQUES, M. O. et al. Uso de esgotos tratados em irrigação: Aspectos agronômicos e ambientais. In: BASTOS, R. K. X. (coord.). **Utilização de esgotos tratados em fertirrigação, hidroponia e piscicultura**. Rio de Janeiro: ABES, RIMA, 2003. p. 61-116 .

MAZUR, N. **Níquel, chumbo, zinco e cobre em solos que receberam composto de resíduos sólidos urbanos**. 1997. 129 f. Tese (Doutorado em Solos e Nutrição de Plantas) - Universidade Federal de Viçosa, 1997.

MELO, J.A.S. Aplicação de águas residuárias no solo como método de tratamento, disposição final e reciclagem de águas usadas. **Engenharia Sanitária**, Rio de Janeiro, v.17,n.1, p.82-91, jan./mar., 1978.

ORGANIZAÇÃO MUNDIAL DE SAÚDE (OMS). **Guias para a qualidade da água potável**: Recomendações, Genebra. 2ª ed. v.1. 1995. 189p.

ORGANIZAÇÃO MUNDIAL DE SAÚDE (OMS). **Health guidelines for the use of wastewater in agriculture and aquaculture Technical report series nº 778**. Genebra, 1989.

PAGANINI, W. S. Reuso de água na agricultura. In:. MANCUSO P. C. S.; SANTOS H. F. (Eds). **Reuso de água.** Baureri, SP: Malone, 2003.

PAPADOPOULOS, I. **Irrigação/Fertirrigação modeling.** In: Proceedings of the International Conference on "Water management, salinity and pollution control toward sustainable irrigataion in the Mediterranean Region.Italy, 1997.

PESCOD, M. D. **Wastewater treatment and use in agriculture**. Rome: FAO.1992.125 p.

REIS, T. C. **Distribuição e biodisponibilização do níquel aplicado ao solo**

como NiCl2 e biossólido. 2002. (Tese de doutorado), Escola superior de Agricultura Luiz de Queiroz, Piracicaba, 2002.

SHENDEC, G. B. **Status of wastewater treatment and agricultural reuse with special reference to Indian experience and research and development needs**. In: FAO Regional Seminar on the Treatment and Use of Sewage Irrigation. Rome: FAO, 1985, p. 157-182.

SHUVAL, H. I.; ADIN, A.; FATTAL, B.; RAWITZ, E.; YEKUTIEL, P. **Wastewater irrigation in developing countries**: health effects and technical solutions. Word Bank Technical Paper, Washington, DC: The Work Bank, n. 51. 1986.

SILVA, C. M. M. S.; FAY, E. F. Persistência e Biomagnificação de moléculas xenobióticas In: MELO, I. S.; AZEVEDO, J. L. (Orgs.). **Microbiologia Ambiental**. Jaguariúna: EMBRAPA - Meio Ambiente, 1997.

SILVA, S.M.C.P.; FERNANDES, F.;SOCCO, VT.; MORITA, D.M. **Principais contaminantes do lodo**. In: ANDREOLI, C.V.; VON SPERLING, M.

STEIN, J.L. & SCHWARTZBROD, J. "Experimental Contamination of vegetables with Helminth Eggs". **Water Science and Technology**. v.22, n.9, p.51-57, 1990.

TRANI, P.E. **Hortaliças folhosas e condimentos**. In: PEREIRA, M. E.; CRUZ, M. C. P.; RAIJ, B. van.; ABREU, C. A. Micronutrientes e elementos tóxicos na agricultura. Jaboticabal: CNPq / FAPESP / POTAFOS, p.293 - 510, 2001.

UNITED STATES ENVIRONMENT PROTECTION AGENCY. Guidelines for Water Reuse. **Technical Report No EPA/625/R-92/004**. Washington: USEPA, 1992.

WILD, A. **Soils and the Environment - an Introduction**. Cambridge: University Press, 1993.

WORLD HEALTH ORGANIZATION. **Reuse of effluents: methods of wastewater treatment and health safeguards**. Of a WHO meeting of experts. Technical report series nº 517. Genebra, 1973.

6

Tecnologias para o uso de água residuária na área agrícola

6.1 Introdução

O uso de água residuária e de lodo de efluentes em áreas agrícolas apresenta-se como tentativa de buscar, cada vez mais, a agricultura sustentável; para tanto, é importante que se observem as normas para essa disposição. Esse uso constitui uma alternativa para a proteção ambiental, já que pode reduzir, ou eliminar, a eutrofização dos recursos hídricos de caráter superficial e subterrâneo, bem como a poluição do solo. Dentre os benefícios que potencializam o retorno econômico, destaca-se o aumento de produtividade (Tabela 6.1), desde que bem administrada a aplicação da água residuária.

Tabela 6.1. Produtividade agrícola (Mg ha^{-1} ano^{-1}) possibilitada pela irrigação com esgoto doméstico

Fonte de irrigação	Trigo 8 anos [(1)]	Feijão 5 anos [(1)]	Arroz 7 anos[(1)]	Batata 4 anos [(1)]	Algodão 3 anos [(1)]
Esgoto bruto	3,34	0,90	2,97	23,11	2,56
Efluente primário	3,45	0,87	2,94	20,78	2,30
Efluente de lagoa de estabilização	3,45	0,78	2,98	22,31	2,41
Água +NPK	2,70	0,72	2,03	17,16	1,70

[(1)] Número de anos para o cálculo da produtividade média

Fonte: Adaptado de Hespanhol (2001)

6.2 Uso de água residuária em pastagens do tipo Brachiária Decumbens e Grama Estrela

A Brachiaria é o capim mais plantado no Brasil, sendo usado na cria, na recria e engorda dos animais criados a pasto; desde que bem manejada, apresenta tolerância à deficiência hídrica e baixa resistência à umidade. O grande interesse dos pecuaristas está na alta produção de massa seca, na boa adaptabilidade aos solos, na persistência e no bom valor nutritivo, além de nos poucos problemas de doenças e no bom crescimento durante a maior parte do ano, inclusive no período seco (COSTA et al., 2005). A irrigação pode ser promovida por aspersão.

Em uma pesquisa, desenvolvida por Serafim (2010), com produção e composição química da *brachiaria Brizantha* cv marandu, adubada com água residuária de suinocultura (ARS), submeteu-se a ARS a um período de estabilização, de aproximadamente 60 dias, na lagoa 1; durante esse período, a segunda lagoa (lagoa 2) encontrava-se armazenando os dejetos diários, ou seja, o sistema foi dimensionado para funcionar em rodízio. Enquanto a primeira lagoa (lagoa 1) promovia a estabilização da ARS, a segunda armazenava a produção diária. Quando a segunda lagoa estava próxima de sua capacidade total de armazenamento, realizava-se o esvaziamento da primeira (em estabilização) e, como medida de destinação dos resíduos, realizava-se a aplicação controlada do ARS em áreas agrícolas. De acordo com as características do efluente, foram aplicadas doses de nutrientes, conforme a Tabela 6.2 exibe.

Tabela 6.2. Quantidade total de nutrientes, em kg ha^{-1}, aplicada pela água residuária de suinocultura. Dados expressos em kg ha^{-1} de matéria seca (MS)

Aplicações	Doses de ARS (m^3)											
	100			200			300			600		
*	N	P	K	N	P	K	N	P	K	N	P	K
	kg ha^{-1}											
1	28	15	1,4	55	30	2,9	83	45	4,3	166	89	8,6
2	15	6	1,5	31	13	3,0	46	19	4,6	93	37	9,1
3	31	17	2,5	62	33	5,0	93	50	7,4	186	99	14,8
4	37	24	5,4	74	47	11,0	111	70	16,2	222	141	32,3
5	39	45	3,8	79	90	7,7	118	135	11,5	236	270	23,1
6	25	17	2,0	49	34	4,1	73	51	6,1	146	102	12,2
7	23	18	2,1	46	36	4,2	69	54	6,2	138	107	12,5
8	23	13	1,8	45	25	3,5	68	38	5,2	136	75	10,5
Total	221	155	20,5	441	308	41,4	661	462	61,5	1323	920	123,1

* 1-Fev/08; 2-Abr/08; 3- Jun/08; 4Ago/08; 5-Out/08; 6-Dez/08; 7-Fev/09; 8-Abr/09

Fonte: Adaptado de *Serafim (2010)*

A autora concluiu ser possível aumentar a produção anual de massa seca (forragem acumulada), usando-se a água residuária de suinocultura. Embora a produção de massa seca tenha aumentada com o aumento das doses, os dados de eficiência dos nutrientes revelaram que a aplicação da menor dose (100 m^3). Contribuiu melhor para a extração dos nutrientes pelo sistema radicular.

Com a aplicação das doses de 300 e 600 m^3 ha^{-1} ano^{-1}, a forragem extraiu os nutrientes necessários para constituir a proteína, o que resultou em maiores concentrações desse nutriente na forragem. Por outro lado, os constituintes minerais da forragem foram influenciados pela aplicação de doses crescentes de dejetos de suínos, principalmente em função do acúmulo dos nutrientes na camada superficial do solo, acarretado pela baixa eficiência de utilização deles pela forragem.

Quanto à qualidade física, química e microbiológica do efluente tratado, com a aplicação em casos como o descrito anteriormente, muitas vezes, não se conseguem os limites recomendados pela USEPA. Além disso, deve-se atentar aos excessos de contaminação no solo. Para tanto, é sempre recomendável o uso de testes-piloto antes da aplicação em larga escala.

Os padrões importantes na qualidade da água, sob o ponto de vista ambiental, são os padrões de lançamento no corpo receptor; os padrões de qualidade do corpo receptor e os padrões de qualidade para determinado uso. No Estado do Paraná, a Companhia de Saneamento do Paraná (1997) propôs a adoção provisória de legislação com base nos limites preconizados na Espanha, considerados rigorosos, para a concentração de metais em lodos e solos, conforme apresentados na Tabela 6.3.

Tabela 6.3. Limites de concentração de metais em lodos e solos adotados no Estado do Paraná, adaptados da legislação espanhola

	Limites no solo		Limites nos lodos	
Elemento	pH<7	pH>7	pH<7	pH>7
	mg kg^{-1}	mg kg^{-1}	mg kg^{-1}	mg kg^{-1}
Cádmio	1	3	20	40
Chumbo	50	300	750	1200
Cobre	50	210	1000	1750
Cromo	100	150	1000	1500
Mercúrio	1	1,5	16	25
Níquel	30	112	300	400
Zinco	150	450	2500	4000

Fonte: Companhia de Saneamento do Paraná (1997)

A qualidade da água de irrigação relaciona-se a problemas de salinidade, a qual pode afetar o sistema de irrigação, a cultura e o solo. No caso de aplicação de água residuária, existem também os critérios sanitários que se devem considerar em qualquer sistema de aplicação. A resolução CONAMA n°357/2005 condiciona os padrões de lançamentos de efluentes, conforme a Tabela 6.4 e determina os teores máximos admissíveis nas águas para irrigar culturas forrageiras, conforme a Tabela 6.5

Tabela 6.4. Padrões mínimos de lançamentos de efluentes em corpos d'água

Elementos	Valores máximos (mg L^{-1})
pH	5-9
Óleos minerais	Até 20,0
Óleos vegetais e gorduras animais	Até 50,0
Padrões inorgânicos	
Arsênio total	0,50
Bário total	5,00
Boro total	5,00
Cádmio total	0,20
Chumbo total	0,50
Cobre dissolvido	1,00
Cromo total	0,50
Estanho total	4,00
Ferro dissolvido	15,0
Fluoreto total	10,0
Manganês dissolvido	1,00
Mercúrio total	0,01
Níquel total	2,00
Nitrogênio amoniacal	20,0
Prata total	0,10
Selênio total	0,30
Sulfeto	1,00
Zinco total	5,00

Fonte: CONAMA 357/2005

Tabela 6.5 Padrões mínimos para irrigar culturas forrageiras

Elementos	Valores máximos (mg L^{-1})
pH	5-9
Padrões inorgânicos	
Alumínio	0,200
Arsênio total	0,033
Bário total	1,000
Berílio	0,100
Boro total	0,750
Cádmio total	0,010
Chumbo total	0,033
Cianeto	0,022
Cloreto	250,0
Cobalto	0,200
Cobre dissolvido	0,013
Cromo total	0,050
Ferro dissolvido	5,000
Fluoreto total	1,400
Fósforo total	0,050
Lítio	2,500
Manganês	0,500
Mercúrio total	0,002
Níquel total	0,025
Nitrato	10,00
Nitrito	1,000
Nitrogênio amoniacal	5,600
Prata total	0,050
Selênio total	0,050
Sulfato	250,0
Sulfeto	0,300
Urânio	0,020
Vanádio	0,100
Zinco total	5,000

Fonte: CONAMA 357/2005

Assim como para efluentes líquidos, a aplicação de lodo no solo também deve ser avaliada. O uso desse material pode ser diverso: campos de golfe, áreas de mineração, fertilizante agrícola etc. Neste caso, devem ser considerados a necessidade da cultura e os limites de elementos tóxicos. A regulamentação 503 da United States Environmental Protection Agency – USEPA (1993) classifica os limites dos poluentes nos lodos (biossólidos) para sua aplicação conforme ilustrado, a seguir, nas Tabelas 6.6, 6.7, 6.8 e 6.9, descritos pela concentração-limite, pelas taxas acumulativas de carga poluente, pelas concentrações de poluentes e pelas taxas anuais de carga poluente.

- **Concentração limite**

O biossólido a granel, ou o biossólido vendido ou distribuído em sacos ou em outro recipiente, não deverá ser aplicado ao solo se a concentração de qualquer poluente, nesses materiais, exceder o limite estabelecido na Tabela 6.6.

Tabela 6.6. Concentrações-limite de poluentes no biossólido

Poluente	**Concentrações limite (mg kg^{-1})***
Arsênio	75
Cádmio	85
Cobre	4.300
Chumbo	840
Mercúrio	57
Molibdênio	75
Níquel	420
Selênio	100
Zinco	7.500

*Peso em base seca

■ **Taxas cumulativas de carga poluente**

Se o biossólido a granel for aplicado em áreas agrícolas, em florestas, em áreas públicas ou em áreas recuperadas:

(i) a taxa cumulativa de carga para cada poluente no biossólido não deverá exceder os limites estabelecidos na Tabela 6.7;

(ii) a concentração de cada poluente no biossólido não deverá exceder os limites estabelecidos na Tabela 6.8.

Tabela 6.7. Taxas cumulativas de carga poluente

Poluente	**Taxa cumulativa de carga poluente ($Kg\ ha^{-1}$)**
Arsênio	41
Cádmio	39
Cobre	1.500
Chumbo	300
Mercúrio	17
Níquel	420
Selênio	100
Zinco	2.800

■ **Concentrações de poluentes**

Se o biossólido a granel for aplicado em gramados, ou em jardins residenciais, a concentração de cada poluente não deverá exceder os limites estabelecidos na Tabela 6.8.

Tabela 6.8. Concentrações de poluentes no biossólido

Poluente	Concentração mensal média ($mg\ kg^{-1}$)*
Arsênio	41
Cádmio	39
Cobre	1.500
Chumbo	300
Mercúrio	17
Níquel	420
Selênio	100
Zinco	2.800

*Peso em base seca

■ Taxas anuais de carga poluente

Se o biossólido for vendido, ou distribuído, em sacos ou em outro recipiente para aplicação ao solo,

(i) a concentração de cada poluente no biossólido não deverá exceder os limites estabelecidos na Tabela 6.8;

(ii) o produto da concentração de cada poluente no biossólido e a taxa anual total de sua aplicação não deverão exceder a taxa anual de carga poluente, conforme estabelecido na Tabela 6.9.

Tabela 6.9. Taxas anuais de carga poluente

Poluente	Taxa anual de carga poluente (Kg ha^{-1} durante 365 dias)
Arsênio	2,0
Cádmio	1,9
Cobre	75
Chumbo	15
Mercúrio	0,85
Níquel	21
Selênio	5,0
Zinco	140

6.3 Aplicação de água residuária na cultura da alface

A alface possui grande importância, pois é uma hortaliça de grande procura nos mercados e constitui uma das mais ricas fontes de minerais e de celulose, embora seja, uma cultura que necessita de quantidade de água relativamente grande para sua formação. A irrigação, quando a ordem de água disponível no solo apresentar 80%, conduz a um bom desempenho para desenvolver e produzir a cultura.

A irrigação com águas residuárias, principalmente em hortaliças, induz uma preocupação latente: a contaminação por organismos patogênicos. Os critérios adotados para hortaliças irrigadas com águas residuáriais, visando à redução dos riscos à saúde pública, normalmente seguem recomendações da Organização Mundial de Saúde (OMS). Em clima quente e seco, Costa-vargas et al. (1991) verificaram que, cinco dias após cessada a irrigação com águas residuárias de baixa qualidade, na cultura da alface, ocorreu a descontaminação por *Salmonella spp* e o decréscimo dos níveis iniciais de coliformes fecais e *Escherichia coli.*. Embora se possam utilizar sulcos para esse tipo de cultura, o gotejamento é o método mais indicado, por apresentar o menor índice de contaminação, podendo ser aplicado superficial e subsuperficialmente. Outro aspecto importante é que a utilização de águas de rio na irrigação não garante a produção isenta de contaminações, como foi relatado por Araujo et al. (1999). Eles verificaram, em alfaces irrigadas com água de um riacho, índices de coliformes fecais acima de 200 UFC 100 g^{-1}.

Na avaliação da qualidade das águas residuárias, é importante que se meçam os seguintes parâmetros: temperatura (método do termômetro eletrométrico), oxigênio dissolvido (oxímetro eletrônico), pH (método potenciométrico), nitrato (espectofotométrico), nitrito (espectofotométrico), amônia, nitrogênio total (kjeldahl), fósforo total (espectofotométrico), sódio (fotométrico), potássio (fotométrico), Demanda Química de Oxigênio (DQO) (refluxo aberto) e Demanda Bioquímica de Oxigênio (DBO) (Incubação 20ºC, por 5 dias).

Reutilizando águas residuárias da piscicultura e da suinocultura na irrigação da cultura da alface, Baumgartner et al.(2007) obtiveram bons resultados, chegando às seguintes conclusões:

- Os tratamentos constituídos pelas irrigações com: água de poço escavado mais adubação suplementar (T1); efluente de um viveiro de cultivo semi-intensivo de Tilápia do Nilo (Oreochromis niloticus), alimentada com ração (T2); efluente de uma lagoa de estabilização de dejeto suíno, diluído 1: 65 (T3); efluente de uma lagoa de produção de algas, alimentada com resíduo de um biodigestor de dejeto suíno, diluído 1:5 (T4). Não foram observadas diferenças significativas nas variáveis altura da alface, diâmetro da cabeça, comprimento da raiz, massa da raiz, massa total da planta, massa fresca e massa seca;

- Os tratamentos propiciaram diferenças significativas para o comprimento da maior folha e para o número de folhas, apresentando T4 e T2 os maiores valores, respectivamente;

- As análises de macro e micronutrientes, na parte aérea da cultura da alface, não apresentaram diferenças significativas entre os tratamentos, exceto para o manganês;

- Os tratamentos não apresentaram diferenças significativas na extração de macro e micronutrientes pela cultura da alface;

- A análise microbiológica demonstrou que, em todos os tratamentos, ocorreu contaminação de coliformes fecais e totais, mais pronunciada em T3 e T4; nenhuma contaminação por Escherichia coli.

- Os Coeficientes de Uniformidade de Christiansen (CUC) encontrados ficaram acima de 85% em todos os tratamentos, exceto para o tratamento T3, em que se encontraram 74,05%, indicando que esse tratamento possui maior potencial de entupimento de gotejadores que os demais.

6.4 Aplicação de água residuária na cultura do pimentão

O pimentão adapta-se melhor a solos de textura média e bem drenados, não tolerando excesso de água. Devido à exigência quanto ao teor de água no solo, recomenda-se manter 80%, ou mais, de água disponível. Possui moderada tolerância à acidez do solo e é exigente em cálcio e magnésio. A irrigação pode ser promovida por aspersão, sulco ou gotejamento.

No caso do gotejamento, importante atenção deve ser dada ao tratamento da água residuária, visando a evitar o entupimento dos emissores; isso pode ser realizado com filtração, e outros métodos, como radiação ultravioleta e injeção de gás carbônico. Técnicas, como osmose reversa, devem ser evitadas, uma vez que grande parte dos nutrientes contidos no efluente é removida. A filtração lenta promove remoção de sólidos suspensos; a adição de dióxido de carbono e desinfecção com radiação ultravioleta contribuem, expressivamente, para remover a *E. Coli* e da DBO_5.

Em uma pesquisa desenvolvida por Airoldi (2007), o tratamento com radiação ultravioleta removeu 100% de bactérias e 50,1% de matéria orgânica da água. O tratamento com injeção de dióxido de carbono reduziu em 97,5% o número de *E. Coli* e em *24,5%,* de DBO_5. Os tratamentos com filtração lenta, seguidos de desinfecção com radiação ultravioleta apresentaram os melhores resultados para coeficientes de uniformidade com emissores tipo labirinto.

Conforme se pode observar na Tabela 6.10, as maiores produtividades de pimentão foram obtidas pelo tratamento com aplicação de CO_2 na água residuária, seguidas pelos tratamentos que passaram em filtros de areia e disco (FAD), tratamento com radiação ultravioleta (UV) e com água potável (AP), nessa ordem, conforme pode ser observado na Tabela 6.9, utilizando emissores tipo labirinto (LAB) e microtubo (MIC). A maior produtividade com aplicação do CO_2 tem influencia da redução do pH, devido à sua aplicação no solo, sendo maior a disponibilidade de nutrientes, como o fósforo e o cálcio, na solução do solo, e favorecendo a absorção de zinco e de manganês. Já a maior produtividade relativa foi alcançada com tratamentos que passaram em filtros de areia e disco (FAD), com gotejadores microtubo, o que se associa à uniformidade de aplicação da água.

Tabela 6.9 Resultado de produção do pimentão por planta

Tipo de água	Emissor	Média (g) *	Desvio Padrão (g)	Produtividade (kg há$^{-1}$) [(1)]	Produtividade relativa [(1)**] (kg há$^{-1}$ mm^{-1})
AP	LAB	272,6	76,9	6.815	25,3
AP	MIC	343,3	57,3	8.852	32,4
FAD	LAB	453,4	62,5	11.335	33,8
FAD	MIC	481,4	173,4	12.035	37,4
CO_2	LAB	494,6	156,3	12.365	35,0
CO_2	MIC	522,3	101,6	13.057	35,2
UV	LAB	416,2	199,6	10.405	29,3
UV	MIC	366,6	215,0	9.165	25,7

Estimada, considerando 25.000 plantas por hectare

* Média de 6 repetições

** Produção por área e por lâmina de água aplicada

Tabela 6.10. Resultado de produção do pimentão por planta

Tipo de água	Emissor	Média (g) *	Desvio Padrão (g)	Produtividade (kg há$^{-1}$) (1)	Produtividade relativa (1)** (kg há$^{-1}$ mm^{-1})
AP	LAB	272,6	76,9	6.815	25,3
AP	MIC	343,3	57,3	8.852	32,4
FAD	LAB	453,4	62,5	11.335	33,8
FAD	MIC	481,4	173,4	12.035	37,4
CO_2	LAB	494,6	156,3	12.365	35,0
CO_2	MIC	522,3	101,6	13.057	35,2
UV	LAB	416,2	199,6	10.405	29,3
UV	MIC	366,6	215,0	9.165	25,7

Estimada, considerando 25.000 plantas por hectare

* Média de 6 repetições

** Produção por área e por lâmina de água aplicada

6.5 Aplicação de água residuária na cultura do algodão

A irrigação localizada por gotejamento, com efluente de esgoto, pode ser utilizada com sucesso, no algodão, mas deve-se ter o cuidado de adequar o período de irrigação para evitar o excesso de crescimento das plantas. Taxas altas de água e de nitrogênio contribuem para o aumento na produção; entretanto, nas maiores taxas de aplicação de efluente, pode haver maior período vegetativo, excesso de crescimento e diminuição na produção de línter, devido ao excesso de N e à aplicação de água (BIELORAI et al., 1984).

Day et al. (1981) verificaram que os melhores resultados de produtividade do algodão foram obtidos com a mistura (1:1) de água convencional com água residuária, pelo fato de a mistura ter reduzido os teores de sais solúveis; assim, maximizou-se a qualidade das fibras. A água residuária incrementou a produtividade do algodoeiro em mais de 73 %, considerando o solo sem adubação nitrogenada e a irrigação com água de abastecimento. Na análise da variável produtividade do algodão em rama (caroço), a água residuária chegou a substituir a adubação nitrogenada mineral em até 180 kg de N ha^{-1}, atingindo produtividades elevadas e superiores a 3.300 kg ha^{-1} de algodão em caroço, que corresponde a mais de 1.200 kg de fibra ha^{-1}.

O nitrogênio tem sido o elemento mais importante para a produção do algodão; seja em quantidades altas, seja em baixas a maioria dos solos necessita da adição de nitrogênio, para obter rendimentos satisfatórios. O nitrogênio influencia tanto a taxa de expansão quanto a divisão celular, determinando, dessa forma, o tamanho final das folhas. Isso faz com que o nitrogênio seja um dos fatores determinantes da taxa de acúmulo de biomassa. Um acréscimo no suprimento de nitrogênio estimula o crescimento, atrasa a senescência e muda a morfologia das plantas; além disso, o aumento nos níveis de adubação nitrogenada causa o aumento significativo no conteúdo de clorofila das folhas (FERNÁNDEZ et al., 1994).

O nitrogênio relaciona-se ao crescimento e ao desenvolvimento reprodutivo da planta; por isso, quando em excesso, pode estimular o crescimento exagerado, alongando o ciclo, diminuindo a eficácia dos tratamentos fitossanitários e dificultando a colheita mecânica. Além disso, de acordo com Bielorai et al. (1984), nas maiores taxas de aplicação de efluente, pode haver maior período vegetativo, excesso de crescimento e diminuição na produção de línter, devido ao excesso de nitrogênio e à aplicação de água.

Conforme Medeiros et al. (2001), a produtividade e a altura da planta foram alteradas pela adição de nitrogênio ao solo, correspondendo, aos maiores rendimentos, as plantas que receberam até 150 kg ha^{-1} de N em cobertura; tal rendimento não diferiu estatisticamente daquele obtido nas plantas que receberam 100 kg N ha^{-1}, o qual foi semelhante a 200 kg ha^{-1} de N; este, por sua vez, superou àquela com 50 kg ha^{-1} de N que também apresentou rendimento maior do que a testemunha sem nitrogênio. Aplicações de N, tanto a 50 quanto a 100 kg ha^{-1}, melhoraram a resistência da fibra.

Petinare et al. (2001), com o objetivo de avaliar o custo operacional da aplicação de doses de nitrogênio (30, 40 e 70 kg ha^{-1}) e a épocas de aplicação (20, 30, 40 e 50 dias após a emergência na cultura do algodoeiro *Gossypium hirsuntum* L. cultivar IAC 22), constataram que, se considerarmos somente o custo operacional efetivo (apenas as despesas com operação e insumos), os resultados econômicos são positivos para todos os tratamentos. Já quando se analisa os indicadores de lucratividade, considerando o custo total de produção, a receita líquida só foi positiva para os tratamentos que alcançaram as maiores produções. O melhor resultado foi obtido pelo tratamento que recebeu 70 kg ha^{-1} de nitrogênio aos vinte dias, representando o maior índice de lucratividade e a maior receita líquida.

O P é nutriente que influi pouco nas características têxteis da fibra, porém melhora o seu comprimento. Para produzir 2.500 kg ha^{-1} de algodão em caroço, o algodoeiro precisa extrair do solo e acumular, na parte aérea, 34 kg ha^{-1} de P_2O_5 dos quais 22 kg ha^{-1} são exportados com a colheita (GRESPAN & ZANCANARO, 1999).

A aplicação de P normalmente ocorre na fase de pré- plantio, devido à baixa movimentação desse elemento no solo. Com a aplicação de água residuária, as respostas desse nutriente na cultura normalmente ocorrem mais rapidamente, em relação à irrigação com água comum, principalmente devido à sua concentração na água residuária. Para o algodoeiro, a necessidade quantitativa de P é menor que a necessidade de nitrogênio. Entretanto as quantidades de P_2O_5 utilizadas na cultura são geralmente mais elevadas que as de nitrogênio, em decorrência da alta capacidade de fixação de fosfatos nos solos, especialmente os de cerrado e, de maneira geral, os argilosos (LOPES, 1984). O pH do solo interfere na absorção de fósforo e, consequentemente, na produção. Silva (1999) mostrou que a quantidade de P a se aplicar ao solo, para alcançar a produção máxima em solo com pH 5,5, foi de 68 kg ha^{-1} de P_2O_5. A adubação fosfatada pode ser adequadamente recomendada em função dos resultados de análise do solo, variando sua dosagem (de 20 a 100 kg ha^{-1} de P_2O_5), de acordo com o teor já disponível no solo.

A necessidade hídrica das plantas geralmente é estimada com base no processo evapotranspirométrico. Déficit de água no solo, a ponto de causar acentuado estresse nas plantas, tem sido considerado como o fator principal na redução do rendimento da cultura. Doorenbos & Kassam (1994) consideram que, durante todo o ciclo vegetativo, o algodoeiro necessita de 700 a 1300 mm de água. Kiehl (1979) generaliza que as plantas evaporam de 500 a 1000 unidades de solução do solo para formar uma unidade de substância seca.

Oliveira (1976), para meses caracterizados como frios e quentes-secos no semiárido brasileiro, obteve, respectivamente, uma variação no consumo entre 588 e 686 mm no ciclo da cultura. Para cultivar de ciclo médio (CNPA 6H) no semi-árido do Estado do Rio Grande do Norte, Bezerra et al. (1994) observaram consumo de água, pelas plantas, de 616,5 mm.

O algodoeiro herbáceo, apesar de cultura relativamente tolerante à seca, apresenta estruturas produtivas que se podem sensivelmente comprometer quando déficits severos de água no solo são estabelecidos. O encharcamento na fase de botão floral é crítico, reduzindo bastante a produção, bem como a floração. A produção pode ser reduzida em mais de 40% com até oito dias de deficiência, ou falta, de oxigênio nas raízes, dependendo do estádio de desenvolvimento das plantas.

6.6 Aplicação de água residuária de suinocultura na cultura do café

Os dejetos de animais, apesar de seu elevado potencial de poluição, podem tornar-se alternativa econômica para a propriedade rural, se manejados adequadamente, sem comprometer a qualidade ambiental. A qualidade do efluente de lagoas anaeróbias não é adequada para que ele seja descarregado em cursos d'água, pois matéria orgânica, elementos químicos e sólidos suspensos persistem, normalmente, acima dos limites exigidos para o lançamento. Dentre as formas alternativas de dispor águas residuárias, ricas em material orgânico e nutrientes, está a sua disposição no solo para a fertirrigação de culturas agrícolas. Dessa maneira, reaproveita-se o produto residual com característica fertilizante.

Águas residuárias de suinocultura, com elevadas concentrações de sólidos em suspensão, podem acarretar problemas, desde a captação até sua distribuição no solo pelos equipamentos de irrigação. Estes podem sofrer corrosão e apresentar entupimentos, acarretando a diminuição da vida útil e a baixa uniformidade de distribuição da água no solo. Sistemas de irrigação por aspersão e localizada podem ser utilizados na distribuição de águas residuárias, se houver a preocupação com o seu manejo, como com as formas de tratamento e com a filtração. Uma alternativa a tais sistemas seria a irrigação por sulcos. Em qualquer dos sistemas, para evitar a adição de nutrientes em quantidades superiores às exigidas pela cultura e, muitas vezes, até superiores à capacidade de retenção do solo, recomenda-se equacionar a dose de resíduo orgânico aplicar, tomando-se por base, o nutriente, cuja quantidade será satisfeita com a menor dose. Para isso, é necessário quantificar a disponibilidade de nutrientes do solo, determinada pela análise, pela exigência da cultura e pela concentração de nutrientes nos resíduos.

Culturas, como forrageiras, podem ser utilizadas com efluentes de suinocultura. King et al. (1985) e Westerman et al. (1987) observaram, em condições de clima temperado, que aplicações de doses de dejetos de suínos, equivalentes a 600 kg ha^{-1} ano^{-1} de nitrogênio, não produziram alterações na composição da forragem que pudessem limitar o seu uso para ruminantes. Acima dessa dose, o acúmulo de nitrato atingiu níveis tóxicos aos animais.

6.7 BIBLIOGRAFIA

Airoldi, R. P. Da Silva. **Análise do desempenho de gotejadores e da prevenção** do entupimento em irrigação **com água residuária**. 2007.140f. Tese (Doutorado em Irrigação e Drenagem). Escola Superior de Agricultura "Luiz de Queiroz", Piracicaba, 2007.

ARAUJO, A.L.; KÖNIG, A.; MILANEZ, J.G.; CEBALLOS, B.S.O. Reuso indireto de esgotos na irrigação de colunas experimentais de solo cultivadas com alface (*Lactuca sativa* L.). In: CONGRESSO BRASILEIRO DE ENGENHARIA SANITÁRIA E AMBIENTAL, 20., 1999, Rio de Janeiro. ***Anais***... Rio de Janeiro: Associação Brasileira de Engenharia Sanitária, 1999. p.111-19.

Baumgartner, D.; Sampaio, S.C.; Da Silva, T.R.; Teo, C.R.P.A; Villas Boas, M.A. Reuso de águas residuárias da piscicultura e da suinocultura na irrigação da cultura da alface. **Eng. Agríc.**, Jaboticabal, v.27, n.1, p.152-163, jan./abr. 2007.

Bezerra, J. R. C.; Barreto, A. N.; Silva, B. B. Da; Espínola Sobrinho, J.; Ramana Rao, T. V; Luz, M. J. Da S. E; Medeiros De; Souza, C. B. De; Silva, M. B. da. Consumo hídrico do algodoeiro herbáceo. In: EMBRAPA. Centro Nacional de Pesquisa de Algodão (Campina Grande, PB). **Relatório técnico anual** 1992-1993. Campina Grande, PB, 1994. p.151-154.

Bielorai, H.; Vaisman, I.; Feigin, A. Drip irrigation of cotton with treated municipal effluents: I. Yield response. **Journal of Environmental Quality**, v.13, p.231-234, 1984.

Companhia de Saneamento do Paraná. **Manual técnico para utilização agrícola do lodo de esgoto do Paraná**. Curitiba, 1997. 96p.

CONAMA - Conselho Nacional de Meio Ambiente. **Resolução 357**. Dispõe sobre a classificação dos corpos d'água e diretrizes ambientais para seus enquadramentos. Estabelece as condições e padrões de lançamento de efluentes, e dà outras providências. CONAMA, março de 2005.

Costa, K. A. De P.; Rosa, B.; Oliveira, I. P. Efeito da estacionalidade na produção de matéria seca e composição bromatológica da Brachiaria brizantha cv. Marandu. **Ciência animal brasileira**, v. 6, n. 3, p. 187-193, jul./set. 2005.

Costa-Vargas, S.M.V. et al. Residual faecal contamination on effluent irrigated lettuce. Water Sci. **Technol., Kidlington**, v. 24, n. 9, p. 89-94, 1991.

Day, A.D.; Mcfadyen, J.A.; Tucker, T.C.; Cluff, C.B. Effects of municipal waste water on the yield and quality of cotton. **Journal of Environmental Quality**,v.10, p.47-49, 1981.

Doorenbos, J.; Kassam, A. H. **Efeito da água no rendimento das culturas**. Tradução por H. R. Gheyi, A. A. Sousa, F. A. Damasceno, e J. F. de Medeiros. Campina Grande: UFPB, 1994. 306p. (Estudos da FAO: Irrigação e Drenagem, 33) Tradução de Yield Response to Water.

Fernández, S.; Vidal, D.; Simón, E.; Sugrañes, L. Radiometric characteristics of Triticum aestivum cv. Astral under water and nitrogen stress. **International Journal of Remote Sensing**, London, v. 15, nº 9, p.1867-1884, 1994.

Grespan, S. L.; Zancanaro, L. **Nutrição e adubação**. Fundação de Apoio à Pesquisa Agropecuária de Mato Grosso-Fundação MT. Mato Grosso: Liderança e Competitividade. Rondonópolis: Fundação MT. Campina Grande: Embrapa-CNPA, 1999. Cap. 5, p. 87-99.

Hespanhol , I. Potencial de reuso de água no Brasil: Agricultura, indústria, municípios, recarga de aquíferos. In: Encontro de las aguas, 3., 2001, Santiago. **Anais**... Santiago, 2001. P. 1-32.

Kiehl, E. S. **Manual de edafologia: Relações solo - planta**. São Paulo: Ceres, 1979. 262 p.

LOPES, A.S. **Solos sob "cerrado": características, propriedades e manejo**. Piracicaba: POTAFOS, 1984. 162p.

Medeiros, J. C.; Freire, E. C.; Cunha, H. F.; Queiroz, J. C.; Del'aqua, J. M.; Pedroza, M. B.; Assunção, J. H. **Principais ações de pesquisa e transferência de tecnologia para o algodoeiro no Estado de Goiás, Safra 1999/2000.** Campina Grande, PB, 2001, 37p.

Oliveira, F. A. De.; Campos, T. G. da S. Efeito da supressão da irrigação no algodoeiro herbáceo. **Pesquisa Agropecuária. Brasília**, DF. 1992. v.26, nº 3, p.383-390.

Petinari, R. A.; Furlani Junior, E.; Tarsitano, M. A. A.; Araújo, C. A. M. e. **Análise Econômica de Doses e épocas de Aplicação de Nitrogênio para a Cultura do Algodoeiro (Gossypium hirsutum L.)** IAC 22. In: III Congresso Brasileiro de Algodão, Campo Grande, MS. **Anais**... Dourados: Embrapa Agropecuária Oeste, 20001. p.59-61.

Serafim, R.S. ***P*****rodução e composição química da brachiaria Brizantha cv marandu adubada com água residuária de suinocultura**. 2010. 104f. Tese (Doutorado em Produção vegetal) Universidade estadual paulista "julio de mesquita filho", UNESP, Jaboticabal, 2010.

Silva, N. M. **Nutrição mineral e adubação do algodoeiro no Brasil**. Piracicaba: Potafos, 1999.

United States Environmental Protection Agency - USEPA. Title 40 CFR Part 503. **Final rules: Standards for the use or disposal of sewage sludge**. Federal Register, v.58, p.9387-9415, 1993.

Westerman, P.W., King, L.D., Burns, J.C., Cummings, G.A., Overcash, M.R. Swine manure and lagoon effluent applied to a temperate forage mixture: II rainfall escoamento superficial and soil chemical properties. **Journal Environmental Quality**, v.16, n.2, p.106-112, 1987.